基于 GFBT 的最大似然译码错误概率上界研究

刘 佳 庄秋涛 著

科学出版社

北京

内 容 简 介

本书针对 Gallager 第一上界技术（Gallager's first bounding technique, GFBT）进行了深入的研究，内容包括基于 GFBT 的线性分组码性能界、基于参数化 GFBT 的线性分组码性能界、基于参数化 GFBT 的一般分组码性能界、基于参数化 GFBT 的 RS（Reed-Solomon）编码调制性能界、基于 GFBT 的线性分组码改进型上界技术、基于 Voronoi 区域的 GFBT 改进方法和线性分组码最大后验译码误比特率下界技术。

本书可供从事通信理论研究，特别是编码理论研究的科研工作者、研究生及通信专业高年级的本科生使用。

图书在版编目（CIP）数据

基于 GFBT 的最大似然译码错误概率上界研究/刘佳，庄秋涛著. —北京：科学出版社，2020.6
 ISBN 978-7-03-065398-7

Ⅰ. ①基… Ⅱ. ①刘… ②庄… Ⅲ. ①最大似然译码–错误–概率–上界–研究 Ⅳ. ①O157.4

中国版本图书馆 CIP 数据核字（2020）第 094004 号

责任编辑：戴 薇 吴超莉 / 责任校对：王万红
责任印制：吕春珉 / 封面设计：东方人华平面设计部

科 学 出 版 社 出版
北京东黄城根北街 16 号
邮政编码：100717
http://www.sciencep.com

三河市骏杰印刷有限公司印刷
科学出版社发行   各地新华书店经销

*

2020 年 6 月第 一 版   开本：B5（720×1000）
2020 年 6 月第一次印刷   印张：10 1/4
字数：207 000

定价：93.00 元
（如有印装质量问题，我社负责调换〈骏杰〉）
销售部电话 010-62136230   编辑部电话 010-62135397-2047

前　　言

　　信道编码是移动通信物理层的关键技术，可以保证通信系统的高可靠传输性。最大似然译码性能界技术是纠错码性能分析的重要技术，大部分纠错码的最大似然译码算法都异常复杂，但利用紧致的界可以很好地来预测它们在最大似然译码下的性能，从而避免耗时、耗能的蒙特卡罗仿真。同时，最大似然译码错误概率的上界或下界可以通过确切的数学表达式进行描述，从而对系统或者编码设计有理论上的指导作用。因此，推导紧致的可分析的最大似然译码性能界在编码领域中是一项很重要的研究工作。本书对分组码的最大似然译码性能界技术进行了深入的研究，研究内容包括：①提出了参数化 GFBT，同时应用于线性分组码的最大似然译码性能界计算中，并且进一步推广到一般分组码的最大似然译码性能界计算中，开辟了一般分组码性能界计算的新思路；②对基于 GFBT 的 Gallager 区域内的上界进行了改进，通过研究多个码字在高维空间中的位置，从根本上减少了 Gallager 区域内最大似然译码错误概率的重复计算；③对基于 GFBT 的 Gallager 区域外的上界进行了改进，借助发送码字的 Voronoi 区域优化设计了 Gallager 区域，最大限度地减少了 Gallager 区域外译码错误概率的额外计算。

　　本书的创新点包括：

　　（1）利用高维空间几何学理论研究基于 GFBT 的上界技术，提出了嵌套的 Gallager 区域的设计方法，给出了最优参数存在的充要条件及最优参数与信噪比（signal-to-noise ratio，SNR）无关的必要条件，同时，利用高维几何图形进行了简单直观的诠释；提出了参数化 GFBT，并将此技术应用在现存上界中，包括球形界（sphere bound，SB）、切面界（tangential bound，TB）和切面球形界（tangential sphere bound，TSB）；提出了基于三角形谱的参数化 GFBT，推导了改进型 SB、改进型 TB 和改进型 TSB。

　　（2）提出了一般分组码的参数化 GFBT，从几何意义上给出了最优参数的充要条件及最优参数不依赖于信噪比的必要条件。基于提出的一般分组码的参数化 GFBT，将 SB、TB 和 TSB 这 3 个著名的传统上界推广到不具有几何均匀性和等能量性等性质的一般分组码中；同时将这 3 个参数化上界应用到二进制线性分组码中，并证明了其和传统推导的结果是等价的。

　　（3）提出了使用随机映射的 RS 编码调制（Reed-Solomon coded modulation，RS-CM）系统，通过已知的汉明距离谱估计出该系统集合的解析界；推导了平均欧氏距离枚举函数；对于任意特定的 RS-CM 系统，借助列表译码算法提出了基于仿真的界技术。

（4）提出了一种新的设计理念，将具有某些属性的接收向量构成的区域作为 Gallager 区域，避免了由于几何体本身形状的局限性造成上界不紧的情况发生；利用汉明距离提出了基于非规则几何体的 Gallager 区域，并将此 Gallager 区域进行详细划分，通过所求得的每个小区域的上界最终获得整个性能界；提出了上界技术的封闭公式，使之具有高效运算的功能，达到快速分析线性分组码性能的目的。

（5）详细证明了 KSB（Kasami sphere bound）等价于 SB；通过分析发送码字的 Voronoi 区域，优化改进了著名 KSB 的 Gallager 区域，开辟了 Gallager 区域设计的新思路；通过改进的 Gallager 区域，推导了基于 Voronoi 区域的改进型上界技术，从根本上改进了 Gallager 区域外的上界。

（6）提出了一种加性高斯白噪声（additive white Gaussian noise，AWGN）信道下的线性分组码最大后验（maximum a posteriori，MAP）译码误比特率的下界。该下界技术可以应用于任何译码算法，并具有较低的计算复杂度。该下界也可用于估计任何实用码的最小汉明重量和译码错误概率平层。

本书部分成果是基于作者刘佳主持完成的国家自然科学基金青年科学基金项目"改进最大似然译码错误概率上界的新方法研究"（项目编号：61401525）提出的。

本书着眼于新一代移动通信系统性能分析这一具有挑战性的研究课题，以分组码的最大似然译码错误概率上界技术为研究目标，在深入剖析非线性分组码结构难点（不具备几何均匀性和等能量性的性质）的基础上，探索了突破以往方法仅适用于线性分组码性能分析的局限性的新思路；借助高维空间几何学理论，研究了非线性分组码码字在高维空间中的分布规律，推导了适用于一般分组码的性能界，最终实现了一般分组码最大似然译码错误概率紧致上界的计算。本书的研究成果将为更加贴近实际通信环境下的纠错码性能分析及编码设计提供理论和科学指导，对新一代移动通信技术的快速发展具有非常重要的理论和实际意义。

本书基于作者刘佳博士期间和庄秋涛硕士期间所研究的工作撰写而成。其中，第 1 章～第 3 章、第 6 章～第 8 章及后记由刘佳撰写，第 4 章和第 5 章由庄秋涛撰写。马啸教授为本书的撰写提出了许多指导意见，在此表示衷心的感谢。

由于作者水平有限，书中难免存在不足之处，敬请读者批评指正。

作　者

2020 年 2 月

目　录

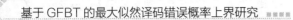

第1章 绪 论

本章首先介绍信道编码在数字通信系统中的重要作用，以及最大似然译码错误概率上界技术在移动通信系统可靠传输中的研究意义及应用，然后对最大似然译码错误概率上界技术进行概述。

1.1 研 究 意 义

通信技术发展的最终目标是任何人（whoever），在任何时候（whenever），与任何地方（wherever）的任何人（whomever），进行任何形式（whatever）的通信，即所谓的 5W 通信。为此，人类一直在不断地致力于移动环境下的通信业务的研究。2020 年 2 月 27 日，中华人民共和国工业和信息化部（以下简称"工信部"）发布 2019 年通信业统计公报[1]，其统计显示，2019 年，在移动通信业务中移动数据及互联网业务收入为 6082 亿元，比 2018 年增长 1.5%。随着信息技术的快速发展和用户对体验要求的不断提高，传统的移动通信网络已不足以支撑当前日益增长的业务需求。如何满足人们对超大容量及可靠传输的要求已成为研究者们所面临的新的挑战。旨在解决这些问题的第五代移动通信技术（5th-generation，5G）主要面向三大场景：增强移动宽带（enhance mobile broadband，eMBB）、大规模机器类通信（massive machine type communication，mMTC）及低时延高可靠通信（ultra reliable & low latency communication，uRLLC）。

信道编码技术是移动通信物理层的关键技术，可以保证移动通信系统的高可靠通信。信道编码技术可以实现传输信息准确无误的可靠通信。

1948 年，信息论的奠基人 Shannon 发表了《通信的数学理论》[2]，指出了可达信道容量的信道编码的存在性理论。在此基础上，经典编码研究主要有两方面。一方面是代数编码，其设计目标是在给定约束下最大化码字之间的汉明距离，包括汉明码[3]、Golay 码[4]、Reed-Muller 码[5,6]、BCH（Bose、Ray-Chaudhuri、Hocquenghem）码[7,8]、Reed-Solomon（RS）码[9]及代数几何码[10]等。另一方面是概率编码，其更关心的是优化码字的平均纠错性能与编译码复杂度的关系，包括卷积码[11]、乘积码[12]、级联码[13]等。结合 Viterbi 译码算法[14]及之后由 Bahl、Cocke、Jelinek 和 Raviv 提出的 BCJR 算法[15]，卷积码在数字通信系统中得到了广泛应用。

1993 年，Turbo 码[16]的发明开启了现代编码的时代，使信道编码的性能接近 Shannon 极限。其后，Spielman[17]和 MacKay 等[18]重新发现低密度奇偶校验码（low-density parity-check，LDPC）[19]在迭代译码算法下也能逼近信道容量。研究结果表明，码率为 1/2 的非规则 LDPC 码，其极限性能距 Shannon 极限仅为 0.0045dB[20]。因此，LDPC 码被用于第二代卫星数字视频广播标准（digital video broadcasting-satellite 2，DVB-S2）、5G 数据信道、空间通信等标准中。2008 年，Arikan 提出了 Polar 码[21]，它是第一个可理论证明达到 Shannon 极限的具有低编译码复杂度的码。在最新的 5G 标准 eMBB 场景中，Polar 码被确定为控制信道的编码方案。近年来的另一个研究热点是空间耦合码[22,23]，从图的角度把独立的简单码耦合起来，以获得增益。由上述可见，如何评价一个纠错码性能（译码错误概率）的好坏十分重要。对特定的纠错码而言，其译码错误概率一般很难用一个确切的表达式进行描述，因此实际中主要采用两种方式对纠错码的性能进行估计：蒙特卡罗（Monte Carlo）仿真技术和上下界（upper-lower bounds）技术。

蒙特卡罗仿真技术主要是依据实际系统建立一个等效的计算机试验模型，并通过计算机进行仿真的技术。一般情况下，利用蒙特卡罗仿真技术可以有效且精确地估计出通信系统中码的译码错误概率，是常用的性能估计技术。然而，蒙特卡罗仿真技术也存在以下缺点：首先，在研究某些码（如 RS 码、Turbo 码和 LDPC 码等）在最大似然（maximum-likelihood，ML）译码下的性能，或者码在高信噪比（signal-to-noise ratio，SNR）下的性能时，蒙特卡罗仿真的时间复杂度会非常高。例如，RS 码的最大似然译码是一个非确定性多项式困难（non-deterministic polynomial hard，NP-Hard）问题，无法利用计算机蒙特卡罗仿真的方法。其次，即使某些纠错码可以借助蒙特卡罗仿真进行好坏的判断，但是蒙特卡罗仿真会消耗能源。能源危机与环境污染问题已经成为制约人类社会可持续发展的两个主要瓶颈，通信系统作为能源消费的重要组成部分，也要为推进绿色发展做出贡献。再次，蒙特卡罗仿真的结果很难直观描述出错误概率值与系统参数之间的关系，从而无法就如何提高系统性能问题提出理论性的指导。针对蒙特卡罗仿真技术的缺点，纠错码的最大似然译码错误概率上下界技术更受关注。

大部分码的最大似然译码算法异常复杂，但利用紧致的界可以很好地来预测它们在最大似然译码下的性能，从而避免耗时、耗能的蒙特卡罗仿真。同时，最大似然译码错误概率的上界或下界可以通过确切的数学表达式进行描述，从而对系统或者编码设计有理论上的指导作用。因此，推导紧致的可分析的最大似然译码性能界在编码领域中是一项很重要的研究工作，同时也是一项具有挑战性的工作。换言之，如何推导纠错码译码错误概率的紧致性能界对于新一代移动通信技术的快速发展具有非常重要的理论和实际意义。

本书以分组码紧致性能界为研究重点，采用高维空间几何学和组合学理论，研究分组码码字在高维空间中的分布规律，探索逼近 Voronoi 区域[24,25]的 Gallager 区域优化设计，最终实现分组码最大似然译码错误概率上界的计算及改进。本书的研究成果将为更加贴近实际通信环境下的纠错码性能分析及编码设计提供理论和科学指导。

1.2　译码错误概率上界技术概述

联合界（union bound，UB）是一种较简单的上界技术，它基于 Trivial 不等式，即联合事件的概率不大于每个事件概率的和。UB 在低信噪比下是一个非常松的界，甚至发散。针对传统 UB 不紧和在低信噪比下发散的缺点，适用于更宽的信噪比范围及更接近于实际最大似然性能的上界技术不断被提出。

Sason 等[26]指出，1961 年提出的 Gallager 第一上界技术（Gallager's first bounding technique，GFBT）和 1965 年提出的 Gallager 第二上界技术（Gallager's second bounding technique，GSBT）是两种非常重要的用于估计最大似然译码下错误概率的上界技术。

1.2.1　Gallager 第一上界技术

基于 GFBT 的上界是由式（1.1）得到的，即

$$\Pr\{E\} = \Pr\{E, \boldsymbol{y} \in R\} + \Pr\{E, \boldsymbol{y} \notin R\}$$

$$\leqslant \Pr\{E, \boldsymbol{y} \in R\} + \Pr\{\boldsymbol{y} \notin R\} \tag{1.1}$$

式中，E 表示错误事件；$\boldsymbol{y}$ 表示接收向量；R 表示发送信号点周围的一个任意区域。对于式（1.1）"$\leqslant$"号右边的第一项，我们利用 UB 计算该概率的上界。对于式（1.1）"$\leqslant$"号右边的第二项，我们认为落在 Gallager 区域外的接收向量全部译码出错，哪怕这些接收向量已经落在发送码字的 Voronoi 区域[24,25]内。领域内著名学者 Sason 等[26]指出，Gallager 区域越接近发送码字的 Voronoi 区域，就越可能得到紧致的上界。例如，考虑二进制输入的加性高斯白噪声（additive white Gaussian noise，AWGN）信道，1980 年，Berlekamp[27]通过分离 AWGN 的径向分量和切线分量，选择了一个半空间作为 Gallager 区域，提出了切面界（tangential bound，TB），通过证明可知该上界在低信噪比下比传统的 UB 紧致。1994 年，Herzberg 等[28]通过选择 Gallager 区域为一个以发送信号向量所在的信号点为球心的高维球（通过优化球的半径得到一个该形状下最紧致的上界），提出了球形界（sphere bound，SB）。2016 年，Zhao 等[29]证明了 SB[28]等价于 Kasami 等 1993 年提出的 SB[30]，记为 KSB（Kasami sphere bound）。1999 年，Divsalar 等[31,32]也选

择了高维球作为 Gallager 区域，不同之处在于需对半径和球心分别进行优化（球心不一定是发送信号向量所在的信号点），最后得到一个简单的上界（Divsalar 上界）。1994 年 Poltyrev[33]结合码字在高维空间中的几何分布规律，通过选择 Gallager 区域为一个高维圆锥体，提出了适用于二进制线性分组码的切面球形界（tangential sphere bound，TSB）。TSB 是目前较紧致的上界技术之一，由于 TSB 含有三重累次积分及一个参数（实数）的优化运算，因此具有较高的计算复杂度。2004 年，在 TSB 的基础上，Yousefi 等提出了基于添加超平面（added-hyper-plane，AHP）的上界技术[34]，对于某些码而言，这一技术改进了原始的 TSB，但在 TSB 的基础上又增加了计算复杂度。2010 年，Ma 等首次利用次优列表译码算法定义了 Gallager 区域，提出了基于截断重量谱的 UB[35]。通过进一步优化参数，2013 年，Ma 等得到了紧致的 Ma 上界[36]；2014 年，Liu 等考虑到码字之间的空间位置关系，提出了 Liu 上界[37]。Ma 上界和 Liu 上界只含有 Q 函数，与传统的 UB 具有相似的计算复杂度相比，此类上界不仅计算复杂度低，还具有紧致的特性。对于高码率的码而言，此类上界比 TSB 还紧致。2015 年，Liu 等在 Liu 上界[37]的基础上，通过对 Gallager 区域进行进一步分割得到了更小的区域，推导了紧致上界技术[38]。2016 年，Ma 等[39]提出了基于部分输入/输出重量枚举函数（input- output weight enumeration function，IOWEF）的误比特率（bit error rate，BER）上界计算方法。同年，Zhao 等[29]提出了参数化 GFBT 的新概念，重新推导了基于参数化 GFBT 的 SB。上述基于 GFBT 的上界技术中的 Gallager 区域的选取大多数是基于高维几何体的，如高维球、高维平面、高维圆锥等。这些规则几何体本身形状的局限性直接影响了上界的松紧程度。2017 年，Liu 等[40]利用高维空间几何学理论，初步分析了发送码字的 Voronoi 区域，改进了 SB 技术。在分形维数估计的背景下，Rényi 熵构成了广义维数概念的基础，Rényi 熵是 Shannon 熵的推广，它的应用非常广泛，目前广泛应用在信源编码[41-43]、信道编码[43,44]及量子信息理论[45,46]中。2018 年 12 月，Sason[47]利用优化理论推导了 Rényi 熵的上下界，并应用于通信系统的猜测和压缩分析中。大多数上界技术是基于成对错误概率计算 Gallager 区域内的 UB 的，这就不可避免地造成错误概率区域的重复计算。错误概率区域的重复计算是导致基于 GFBT 的上界不紧致的一个主要原因。文献[25]指出，计算最大似然译码错误概率上界只需利用发送码字的局部重量谱（发送码字的 Voronoi 邻居所组成的码字集合）即可，从而可以减少错误概率区域的重复计算，在一定程度上使上界变得紧致。局部重量谱的求解需要通过组合学的理论分析所有码字的位置关系。目前，只有很少的码可以求解局部重量谱。1998 年，Ashikmin 等[48]给出了随机线性分组码、汉明码和二阶 Reed-Muller 码的局部重量谱。2006 年，Yasunaga 等[49]给出了部分 BCH 码和 Reed-Muller 码的局部重量谱。这种方法虽然在一定程度上能使上界变得紧致，但是求解码的局部重量谱是一个 NP-Hard 问题，它无法使实际通信环境下的纠错码（如 Turbo 码、LDPC 码、Polar 码）性能界变得紧致。2019 年 2 月，针对线性分组码，Liu[50]提出了条件成三错误概率的新概念，并改进了所有基于成对错误概率的参数化 GFBT 上界。

1.2.2 Gallager 第二上界技术

基于 GSBT 的上界是由式（1.2）得到的：

$$P_{e|m} = \sum_{\underline{y}: \exists m' \neq m: p_n(\underline{y}|\underline{x}^{(m')}) \geqslant p_n(\underline{y}|\underline{x}^{(m)})} p_n(\underline{y}|\underline{x}^{(m)})$$

$$\leqslant \sum_{\underline{y}} p_n(\underline{y}|\underline{x}^{(m)}) \left\{ \sum_{m' \neq m} \left[\frac{p_n(\underline{y}|\underline{x}^{(m')})}{p_n(\underline{y}|\underline{x}^{(m)})} \right]^{\lambda} \right\}^{\rho}, \quad \lambda, \rho \geqslant 0 \qquad (1.2)$$

式中，$\underline{x}^{(m)}$ 表示一个长度为 n 的发送码字序列，$\underline{x}^{(m')}$ 表示一个长度为 n 的非发送码字序列，其中，m 和 m' 为非负整数；$\underline{y}$ 表示接收向量；$p_n(\underline{y}|\underline{x}^{(m)})$ 表示相应的信道传输概率；$P_{e|m}$ 表示在 AWGN 信道中传输码字 $\underline{x}^{(m)}$ 时发生的译码错误概率。

1965 年，Gallager[51]推导了基于 GSBT 的上界，即

$$P_e \leqslant (M-1)^{\rho} \sum_{\underline{y}} \left[\sum_{\underline{x}} q_n(\underline{x}) p_n(\underline{y}|\underline{x})^{\frac{1}{1+\rho}} \right]^{1+\rho} \qquad (1.3)$$

式中，P_e 表示平均译码错误概率；M 表示码字的个数；$q_n(\underline{x})$ 表示发送码字 $\underline{x}$ 的概率分布。基于式（1.3），1998 年，Duman 等根据 Jensen 不等式 $E[z^{\rho}] \leqslant (E[z])^{\rho}$（$0 \leqslant \rho \leqslant 1$）推导出一个更紧致的上界，简称为 DS2 界[52,53]。DS2 界有着非常重要的作用，因为很多提出的基于 GSBT 的上界都可以看成 DS2 界的各种特殊情况。1999 年，Shulman 等同样基于 GSBT 提出了一种上界，简称为 SF 界[54]，可以证明 SF 界是 DS2 界的一种特例。2007 年，Twitto 等提出了改进型的 SF 界[55]，它是根据重量谱拆分码字，分别运用现有的 SF 界和 UB 及 TSB 上界进行求解得到的，比现有的 SF 界和 TSB 都要好。2009 年，Hof 等[56]针对无记忆对称信道提出了非二进制线性分组码的最大似然译码错误概率上界技术。

1.3 本书的主要工作及章节内容

本书的主要工作及章节内容编排如下：

第 1 章介绍了分组码最大似然译码错误概率上界技术的研究意义及应用，综述了基 GFBT 的最大似然译码错误概率上界技术的国内外研究现状及发展趋势。

第 2 章综述了目前现存的最大似然译码错误概率上界技术，并将其分成两大类，即基于欧氏距离的改进型上界和基于汉明距离的改进型上界。

第 3 章研究了基于 GFBT 的上界技术，提出了嵌套的 Gallager 区域的设计方法和参数化 GFBT，以及基于三角形谱的改进型现存上界技术，推导了改进型 SB、改进型 TB 和改进型 TSB。

第 4 章研究了一般分组码在 AWGN 信道下的最大似然译码性能界，进一步提出了一般分组码的参数化 GFBT，继而有效地将 Gallager 界推广到一般分组码的性能分析上。

第 5 章研究了 RS 码在 AWGN 信道下的最大似然译码性能界，并将提出的一般分组码的最大似然译码性能界应用在 RS 码上，估计了随机映射产生的 RS 编码调制（RS-coded modulation，RS-CM）系统集合的性能解析界，同时推导了可以应用于任意特定 RS-CM 系统的基于仿真的界。

第 6 章提出了基于非规则几何体的 Gallager 区域的优化设计方法，一方面通过详细划分所提出的 Gallager 区域推导了紧致的上界技术；另一方面推导了具有封闭公式的上界技术。

第 7 章采用余弦定理及 3 个码字组成一个非钝角三角形等理论，详细地证明了 KSB（很少被引用）等价于 SB，声明了 SB 属于 Gallager 第一上界技术，并利用 Voronoi 区域优化设计了 Gallager 区域，改进了 KSB 技术和 SB 技术。

第 8 章提出了一种基于最大后验（maximum a posteriori，MAP）译码线性分组码性能的下界计算方法。所提出的基于 MAP 的误比特率的下界可以应用于任何译码算法，该下界只与线性分组码的最小汉明重量密切相关，且具有较低的计算复杂度。

本 章 小 结

本章介绍了分组码最大似然译码性能界在移动通信系统中的应用，以及最大似然译码错误概率上界技术的两大类重要的上界技术，即 Gallager 第一上界技术和 Gallager 第二上界技术，同时简要介绍了本书的结构。

Gallager 第一上界技术和 Gallager 第二上界技术都是由 Gallager 提出的，但两类技术存在着较大的差别。

（1）Gallager 第一上界技术是通过几何方法来推导上界，而 Gallager 第二上界技术则是通过代数方法来计算上界。

（2）Gallager 第一上界技术适用于特定码（specific code）和随机码（random code）；Gallager 第二上界技术则主要针对随机码的上界，对于求随机码的上界，Gallager 第二上界技术可能会优于 Gallager 第一上界技术。

第2章 基于 GFBT 的线性分组码性能界

本章主要介绍线性分组码 AWGN 信道模型，给出重量谱和三角形谱的定义，同时给出现存 AWGN 信道下二进制线性分组码的最大似然译码错误概率的传统上界技术，即 UB。传统的 UB 存在两个问题：第一，在低信噪比下，UB 松弛，甚至发散（大于 1）；第二，需要整个重量谱参与计算，然而，对于复杂码，没有办法计算整个重量谱。因此，很多基于 GFBT 的改进型上界不断被提出。文献[26]指出，Gallager 区域的选取直接影响上界的松紧程度。大多数现存 Gallager 区域的选取是利用欧氏距离设计高维规则几何体作为 Gallager 区域，如高维平面[27]、高维球[28,30,32]、高维圆锥[33]等。这些规则几何体本身形状的局限性会直接导致上界不够紧致。基于此，Ma 等[36]和 Liu 等[37]提出了一种新的设计理念，即利用汉明距离优化设计 Gallager 区域，试图避免由于几何体本身形状的局限性造成上界不紧致的情况发生。因此，本书根据选取 Gallager 区域方式的不同，将改进型上界分为基于欧氏距离的改进型上界和基于汉明距离的改进型上界两种。

2.1 联 合 界

2.1.1 线性分组码

分组码分为线性分组码和非线性分组码两类。本书主要讨论二进制线性分组码的上界技术。假设 $F_2 = \{0,1\}$ 和 $A_2 = \{-1,+1\}$ 分别表示二进制有限域和双极性信号集合。对于二进制线性分组码 $C[n,k]$ 而言，编码器把消息序列每 k bit 分成一组，每一组消息序列 $\underline{u}$ 经过一个大小为 $k \times n$ 的生成矩阵 G 生成一个 n bit 的码字 $\underline{c} = (c_0, c_1, \cdots, c_{n-1}) \in C$，即 $C \triangleq \left\{ \underline{c} \in F_2^n \mid \underline{c} = \underline{u}G, \underline{u} \in F_2^k \right\}$，则一共有 2^k 个不同的码字。所有这些码字的集合称为二进制线性分组码 $C[n,k]$。比值 $R = k / n$ 称为码率，即每个传送符号所含有的信息量。

2.1.2 最大似然译码

对于二进制线性分组码 $C[n,k]$ 而言，当发送端发送码字 $\underline{c} = (c_0, c_1, \cdots, c_{n-1}) \in C$ 时，考虑二进制相移键控（binary phase shift keying，BPSK），即 $\phi: F_2^n \mapsto A_2^n$，经

调制后，在信道中传输的向量为 $\underline{s} = \phi(\underline{c}) \in S$，用 s_t 表示向量 $\underline{s}$ 中的一个分量，即 $s_t = 1 - 2c_t$，$0 \leq t \leq n-1$，S 表示所有码字经过调制后信号向量的集合。经过信道后，接收端接收到的信号向量为 $\underline{y} \triangleq (y_0, y_1, \cdots, y_{n-1}) \in \mathbb{R}^n$。由于信道中存在噪声干扰，接收端接收到的 $\underline{y}$ 可能与发送端发送的 $\underline{s}$ 存在差异。最大似然译码准则是找到一个向量 $\hat{\underline{s}} \in S$，使得概率 $\Pr(\underline{y} \mid \hat{\underline{s}})$ 最大，从而将接收到的信号向量 $\underline{y}$ 译码成 $\hat{\underline{s}}$，当 $\hat{\underline{s}} = \underline{s}$ 时，称译码成功，否则，称发生译码错误事件 E。在码字发送等概率的情况下，最大似然译码是误帧率最小的最佳译码方法。

考虑 AWGN 信道，调制后的信号向量 $\underline{s} \in S$ 经过 AWGN 信道后，接收端接收到的向量为 $\underline{y} = \underline{s} + \underline{z}$，其中，$\underline{z}$ 表示由 n 个独立同分布（independent and identically distributed，i.i.d）的随机变量组成的向量（每个随机变量均服从均值为 0，方差为 σ^2 的高斯分布）。根据最大似然译码准则，我们需要找出一个信号向量 $\hat{\underline{s}} \in S$，使得 $\Pr\{\underline{y} \mid \hat{\underline{s}}\}$ 的概率最大。当考虑信道是无记忆的二进制输入-输出对称（memoryless，binary-input-output-symmetric，MBIOS）时，有

$$\Pr\{\underline{y} \mid \hat{\underline{s}}\} = \prod_{i=0}^{n-1} p(y_i \mid \hat{s}_i)$$

$$= \prod_{i=0}^{n-1} \frac{1}{\sqrt{2\pi}\sigma} e^{-\frac{(y_i - \hat{s}_i)^2}{2\sigma^2}}$$

$$= \left(\frac{1}{\sqrt{2\pi}\sigma}\right)^n e^{-\frac{\sum_{i=0}^{n-1}(y_i - \hat{s}_i)^2}{2\sigma^2}} \tag{2.1}$$

由式（2.1）可知，当 $\sum_{i=0}^{n-1}(y_i - \hat{s}_i)^2$ 最小时，概率 $\Pr\{\underline{y} \mid \hat{\underline{s}}\}$ 最大。我们定义向量 $\underline{y}$ 和 $\hat{\underline{s}}$ 的欧氏距离为 $\| \underline{y} - \hat{\underline{s}} \| \triangleq \sqrt{\sum_{i=0}^{n-1}(y_i - \hat{s}_i)^2}$。因此，AWGN 信道中的最大似然译码等价于找到一个距离接收向量 $\underline{y}$ 最近的 $\hat{\underline{s}}$。

2.1.3 重量谱

假设 $W_H(\underline{v})$ 表示一个二进制向量 $\underline{v} \triangleq (v_0, v_1, \cdots, v_{n-1}) \in \mathbb{F}_2^n$ 的汉明重量。码 C 的 IOWEF[2] 可以定义为

$$A(X, Z) \triangleq \sum_{i,j} A_{i,j} X^i Z^j \tag{2.2}$$

式中，X, Z 表示哑变量；$A_{i,j}$ 表示一类码字的个数，该类码字的输入信息位重量为 i，码字重量为 j。称 $A(Z) \triangleq \sum_j A_j Z^j$ 为重量枚举函数（weight enumerating function，

WEF），其中，$\left\{A_j = \sum_i A_{i,j}, 0 \leqslant j \leqslant n\right\}$ 为码 C 的重量谱。

2.1.4 三角形谱

假设 $\underline{c}^{(0)}$ 为全零码字，$\underline{c}^{(1)}$ 为任意一个给定的非零码字。线性分组码 $C_q[n,k]$ 的三角形枚举函数（triangle enumerating function，TrEF）定义为

$$B(\underline{c}^{(1)}; X, Y) \triangleq \sum_{i,j} B_{i,j}(\underline{c}^{(1)}) X^i Y^j \tag{2.3}$$

式中，X, Y 表示哑变量；$B_{i,j}(\underline{c}^{(1)})$ 表示码字 $\underline{c}$ 的个数，$\underline{c}$ 满足 $W_{\mathrm{H}}(\underline{c} - \underline{c}^{(0)}) = i$ 和 $W_{\mathrm{H}}(\underline{c} - \underline{c}^{(1)}) = j$。一般情况下，三角形枚举函数依赖于所选择的参考码字 $\underline{c}^{(1)}$。当上下文清晰时，我们可以省略参考码字。称 $\{B_{i,j}, 0 \leqslant i, j \leqslant n\}$ 为码的三角形谱（triangle spectrum）。

2.1.5 传统的联合界（UB）

UB 是最简单的上界技术，基于自由度为 1 的 Bonferroni 类型不等式，可以得到

$$\begin{aligned}
\Pr\{E\} = \Pr\left\{\bigcup_d E_d\right\} &\leqslant \sum_d \Pr\{E_d\} \\
&\leqslant \sum_d A_d \Pr\left\{\underline{c}^{(0)} \to \underline{c}^{(1)}\right\}
\end{aligned} \tag{2.4}$$

式中，E_d 表示至少存在一个重量为 d 的码字相对于 $\underline{c}^{(0)}$ 而言距离 $\underline{y}$ 更近；A_d 表示码的重量谱；$\Pr\left\{\underline{c}^{(0)} \to \underline{c}^{(1)}\right\}$ 表示发送码字 $\underline{c}^{(0)}$ 错译成码字 $\underline{c}^{(1)}$（$W_{\mathrm{H}}(\underline{c}^{(1)}) = d$）的概率。

由于向量 $\underline{s}^{(0)}$ 和 $\underline{s}^{(1)}$ 可以确定一个平面，设 $\underline{s}^{(0)}$ 为原点 O，$\underline{s}^{(0)}\underline{s}^{(1)}$ 为一个坐标轴，称为 ξ_1 轴。另一个垂直于 ξ_1 轴的坐标轴称为 ξ_2 轴，如图 2-1 所示。设 Z_{ξ_1} 是高斯噪声 $\underline{z}$ 在 ξ_1 轴上的投影，即 $Z_{\xi_1} = \left\langle \underline{z}, \dfrac{\underline{s}^{(1)} - \underline{s}^{(0)}}{\|\underline{s}^{(1)} - \underline{s}^{(0)}\|} \right\rangle$ 是两个向量的内积。Z_{ξ_1} 是高斯随机变量，概率密度函数（probability density function，PDF）为 $f(z_{\xi_1}) = \dfrac{1}{\sqrt{2\pi}\sigma} \mathrm{e}^{-\frac{z_{\xi_1}^2}{2\sigma^2}}$。当 Z_{ξ_1} 落在图 2-1 中的阴影部分时，最大似然译码错误事件 $\left\{\underline{c}^{(0)} \to \underline{c}^{(1)}\right\}$ 会发生，因此，

$$\Pr\left\{\underline{c}^{(0)} \rightarrow \underline{c}^{(1)}\right\} = \Pr\left\{\xi_1 \geqslant \sqrt{d}\right\} = Q\left(\frac{\sqrt{d}}{\sigma}\right)$$

式中，码字 $\underline{c}^{(0)}$ 和 $\underline{c}^{(1)}$ 的欧氏距离为 $\|\underline{c}^{(0)} - \underline{c}^{(1)}\| = 2\sqrt{d}$。我们称 $Q\left(\frac{\sqrt{d}}{\sigma}\right)$ 为成对错

误概率，$Q(x) \triangleq \int_x^{+\infty} \frac{1}{\sqrt{2\pi}} \mathrm{e}^{-\frac{z^2}{2}} \mathrm{d}z$ 表示 Q 函数。

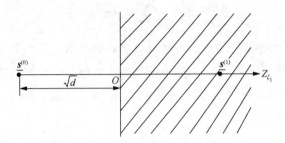

图 2-1　线性分组码 UB 的几何图示

因此，传统的 UB 为

$$\Pr\{E\} \leqslant \sum_d A_d Q\left(\frac{\sqrt{d}}{\sigma}\right) \tag{2.5}$$

2.2　基于欧氏距离的改进型上界

著名的基于欧氏距离的改进型上界有切面界（TB）[27]、球形界（KSB）[30]、球形界（SB）[28]、切面球形界（TSB）[33]和 Divsalar 上界[32]。

2.2.1　切面界（TB）

1980 年，Berlekamp 提出了 TB[27]，通过分离 AWGN 的径向分量和切线分量，选择的 Gallager 区域 R 是一个 n 维的半空间，推导出 TB 如下：

$$\Pr\{E\} \leqslant \sum_{d=1}^n \left[A_d \int_{-\infty}^r Q\left(\frac{\sqrt{n}-z_1}{\sqrt{n-d}} \cdot \frac{\sqrt{d}}{\sigma}\right) \cdot \frac{\mathrm{e}^{-\frac{\xi_1^2}{2\sigma^2}}}{\sqrt{2\pi}\sigma} \mathrm{d}z_1 \right] + Q\left(\frac{r}{\sigma}\right) \tag{2.6}$$

最优参数 r 满足如下优化方程：

$$\sum_{d=1}^n \left[A_d Q\left(\frac{\sqrt{n}-r}{\sqrt{n-d}} \cdot \frac{\sqrt{d}}{\sigma}\right) \right] = 1 \tag{2.7}$$

2.2.2　球形界（KSB）

1993 年，Kasami 等利用接收向量的概率密度函数推导出了 KSB[30]。定义发送码字 $\underline{s}^{(0)}$ 和接收向量 $\underline{y}$ 的距离为 r，即 $\|\underline{s}^{(0)} - \underline{y}\| = r$，定义 $g(r)$ 是随机变量 r 的概率密度函数，定义 $f(r)$ 是接收向量满足方程 $\|\underline{s}^{(0)} - \underline{y}\| = r$ 的条件错误概率。

定义

$$C_d \triangleq \{\underline{c} \in C \mid W_H(\underline{c}) = d\}$$

$$\delta_d \triangleq \|\underline{s}^{(1)} - \underline{s}^{(0)}\|, \quad \underline{c}^{(1)} \in C_d$$

$$\theta_d = \arccos\left(\frac{\delta_d}{2r}\right)$$

$$N(r) \triangleq \max\{d \mid d < r^2\}$$

则 KSB 为

$$\Pr\{E\} = \int_0^{+\infty} g(r) f(r) \mathrm{d}r \tag{2.8}$$

$$g(r) = \frac{2 r^{n-1} \mathrm{e}^{-\frac{r^2}{2\sigma^2}}}{2^{\frac{n}{2}} \sigma^n \Gamma\left(\frac{n}{2}\right)} \tag{2.9}$$

$$f(r) \leqslant \min\left\{ \sum_{d=1}^{N(r)} A_d(r) \frac{\Gamma\left(\dfrac{n}{2}\right)}{\sqrt{\pi}\,\Gamma\left(\dfrac{n-1}{2}\right)} \int_0^{\theta_d} \sin^{n-2}\phi\,\mathrm{d}\phi, 1 \right\} \tag{2.10}$$

式中，$A_d(r)$ 表示 $C_d(r) \subseteq C_d$ 中码字的个数，$C_d(r) \triangleq C_d - C_d'$。$C_d'$ 包含了所有满足下列条件的码字。

（1）不等关系：

$$\|\underline{s}^{(j)} - \underline{s}^{(0)}\| \geqslant \|\underline{s}^{(i)} - \underline{s}^{(0)}\| + \|\underline{s}^{(i)} - \underline{s}^{(j)}\| \tag{2.11}$$

（2）三角形 $\underline{s}^{(0)}\underline{s}^{(i)}\underline{s}^{(j)}$ 的外接圆的半径不小于 r。

2.2.3　球形界（SB）

1994 年，Herzberg 等[28]通过选择 Gallager 区域为一个以发送信号向量所在的信号点为球心的高维球（通过优化球的半径得到一个该形状下最紧的上界），提出了如下 SB：

$$\Pr\{E\} \leqslant \min\left\{ \sum_{d=1}^{N(r)} A_d P_r\{E_d, \|\underline{z}\| \leqslant r\} + P_r\{\|\underline{z}\| > r\} \right\} \tag{2.12}$$

式中，

$$P_r\{E_d, \|\underline{z}\| \leqslant r\} = \int_0^{r^2} \int_{\frac{\delta_d}{2}}^{r} p_{z_1, Y}(z_1, y) \mathrm{d}z_1 \mathrm{d}y \qquad (2.13)$$

$$p_{z_1, Y}(z_1, y) = \frac{(y - z_2^2)^{\frac{n-3}{2}} \mathrm{e}^{-\frac{y}{2\sigma^2}} U(y - z_1^2)}{\sqrt{\pi} 2^{\frac{n}{2}} \sigma^n \Gamma\left(\frac{n-1}{2}\right)}$$

$$P_r\{\|\underline{z}\| > r\} = P_r\{Y > r^2\} = \int_{r^2}^{\infty} \frac{y^{\frac{n-2}{2}} \mathrm{e}^{-\frac{y}{2\sigma^2}}}{2^{\frac{n}{2}} \sigma^n \Gamma\left(\frac{n}{2}\right)} \mathrm{d}y \qquad (2.14)$$

最优参数 r 满足如下优化方程：

$$\sum_{d=1}^{N(r)} A_d \int_0^{\theta_d} \sin^{n-2} \phi \mathrm{d}\phi = \frac{\sqrt{\pi} \, \Gamma\left(\frac{n-1}{2}\right)}{\Gamma\left(\frac{n}{2}\right)} \qquad (2.15)$$

式中，$N(r)$ 表示满足 $r > \dfrac{\delta_d}{2}$ 条件的最大整数 d；δ_d 表示汉明重量为 d 的码字向量 $\mathbf{s}^{(i)}$ 与发送向量 $\mathbf{s}^{(0)}$ 的欧氏距离；$\theta_d = \arccos\left(\dfrac{\delta_d}{2r}\right)$，$d = 1, 2, \cdots, N(r)$。

注：2016 年，Zhao 等[29]证明了 Herzberg 等提出的 SB[28]等价于 Kasami 等于 1993 年提出的 KSB[30]，本书将在 7.3 节给出证明。

2.2.4 切面球形界（TSB）

1994 年，Poltyrev 提出了 TSB[33]，选择的 Gallager 区域 R 是一个 n 维的半圆锥空间，该半圆锥的顶点是欧氏空间的原点 O，半角等于 θ，中心线经过点 O 和发送信号点 $\underline{s}^{(0)}$。基于该圆锥体的 Gallager 区域，推导出 TSB 如下：

$$\Pr\{E\} \leqslant \int_{-\infty}^{+\infty} \frac{\mathrm{e}^{-\frac{z_1^2}{2\sigma^2}}}{\sqrt{2\pi}\sigma} \left\{ \sum_{d:\frac{\delta_d}{2} < \delta_d} \left[A_d \int_{\beta_d(z_1)}^{r_{z_1}} \frac{\mathrm{e}^{-\frac{z_2^2}{2\sigma^2}}}{\sqrt{2\pi}\sigma} \int_0^{r_{z_1}^2 - z_2^2} f_V(v) \mathrm{d}v \mathrm{d}z_2 \right] + 1 - \gamma\left(\frac{n-1}{2}, \frac{r_{z_1}^2}{2\sigma^2}\right) \right\} \mathrm{d}z_1$$

$$(2.16)$$

式中，随机变量 V 服从自由度为 $n-2$ 的卡方（χ^2）分布，$f_V(v)$ 表示其概率密度函数：

$$r_{z_1} = (\sqrt{n} - z_1) \tan \theta$$

$$\beta_d(z_1) = (\sqrt{n} - z_1)\tan\theta = \frac{\sqrt{n} - z_1}{\sqrt{n - \dfrac{\delta_d^2}{4}}} \cdot \frac{\delta_d}{2}$$

$$\partial_d = r_{z_1}\sqrt{1 - \frac{\delta_d^2}{4n}}$$

式（2.16）中的 r_{z_1} 是待优化的参数，为了得到最优参数值，对式（2.16）右边的 r_{z_1} 进行求导，通过求导等于零得到一个关于最优参数 r_0 的优化方程，即

$$\sum_{d:\frac{\delta_d}{2} < \partial_d} A_d \int_0^{\varphi_d} \sin^{n-3}\phi \mathrm{d}\phi = \frac{\sqrt{\pi}\Gamma\left(\dfrac{n-2}{2}\right)}{\Gamma\left(\dfrac{n-1}{2}\right)} \tag{2.17}$$

式中，$\varphi_d \triangleq \arccos\left(\dfrac{\delta_d}{2\partial_d}\right)$。

文献[26]指出，TSB 是较紧致的上界之一，现在很多技术都在尝试超越 TSB。

2.2.5　Divsalar 上界

1999 年，Divsalar[31]通过选择 Gallager 区域为一个高维球体（球心不一定是发送信号向量所在的信号点），推出如下不含有数值积分和参数优化的 Divsalar 上界：

$$\Pr\{E\} \leqslant \sum_{d_{\min}}^{n-k+1} \min\left\{ \mathrm{e}^{-nE\left(\delta,\beta,\frac{1}{N_0}\right)}, A_d Q\left(\sqrt{\frac{2d}{N_0}}\right) \right\} \tag{2.18}$$

式中，$d = d_{\min}$ 表示码的最小汉明重量；$\delta = \dfrac{d}{n}$。

$$E\left(\delta, \beta, \frac{1}{N_0}\right) = -r_n(\delta) + \frac{1}{2}\ln\left[\beta + (1-\beta)\mathrm{e}^{2r_n(\delta)}\right] + \frac{\beta\delta}{1 - (1-\beta)\delta} \cdot \frac{1}{N_0}$$

$$\beta = \sqrt{\frac{c(1-\delta)}{\delta}\frac{2}{1 - \mathrm{e}^{-2r_n(\delta)}} + \left(\frac{1-\delta}{\delta}\right)^2\left[(1+c)^2 - 1\right]} - \frac{1-\delta}{\delta}(1+c)$$

其中，

$$r_n(\delta) = \frac{\ln A_d}{n}$$

2003 年，Divsalar 等[32]进一步将此上界推广到了衰落信道中。

2.3 基于汉明距离的改进型上界

本节将介绍两种基于汉明距离的改进型上界,分别为 Ma 上界[36]和 Liu 上界[37]。这两种上界是通过如下列表译码算法定义 Gallager 区域(为一个高维汉明球体)得到的。

算法 2.1 次优列表译码算法:

(1)对接受向量 $\underline{y}$ 的每个分量 $y_t(0 \leqslant t \leqslant n-1)$ 进行硬判决:

$$\hat{y}_t = \begin{cases} 0, & y_t > 0 \\ 1, & y_t \leqslant 0 \end{cases}$$

因此,信道 $c_t \to \hat{y}_t$ 变成了一个无记忆二进制对称信道,该信道的交叉概率为

$$p_{\mathrm{b}} = Q\left(\frac{1}{\sigma}\right)$$

(2)以 $\hat{y}$ 为圆心, $d^* \geqslant 0$ 为半径画一个汉明球,把所有出现在汉明球内的码字放在一个列表中,记为 L_y。

(3)如果列表 $L_{\underline{y}}$ 是空的,则宣布译码失败,否则输出距离 $\underline{y}$ 最近的码字 $\underline{c}^* \in L_{\underline{y}}$ 作为最终译码结果。

基于上述次优列表译码算法,我们定义 Gallager 区域为

$$R = \left\{ \underline{y} \mid \underline{c}^{(0)} \in L_{\underline{y}} \right\} \tag{2.19}$$

Gallager 区域 R 内的接收向量 $\underline{y}$ 具有的性质:经硬判决后,向量 $\hat{y}$ 最多含有 d^* 个 1,即 $\hat{y}$ 的汉明重量满足 $W_{\mathrm{H}}(\hat{y}) \leqslant d^*$。因此,我们可以得到如下两种基于汉明距离的上界技术。

2.3.1 Ma 上界

定义

$$B(p, N_t, N_1, N_{\mathrm{u}}) = \sum_{m=N_1}^{N_{\mathrm{u}}} \binom{N_t}{m} p^m (1-p)^{N_t - m}$$

表示一个长度为 N_t 的二进制向量通过二进制对称信道(binary symmetric channel,BSC)信道(交叉概率为 p),出错的数据存储(单位比特)反映 N_t(其范围从 N_1 至 N_{u})的概率。函数 $B(p, N_t, N_1, N_{\mathrm{u}})$ 独立于码字,可以通过递归的方式进行计算。

2013 年,Ma 等[36]基于次优列表译码算法(算法 2.1),提出了如下的 Ma 上界:

$$\Pr\{E\} \leqslant \min_{0 \leqslant d^* \leqslant n} \left\{ \sum_{d \leqslant 2d^*} h_1(A_d) + B(p_b, n, d^*+1, n) \right\} \tag{2.20}$$

式中,

$$h_1(A_d) \triangleq \min \left\{ \begin{array}{l} A_d Q\left(\dfrac{\sqrt{d}}{\sigma}\right) B(p_b, n-d, 0, d^*-1), \\[3mm] (A_d-1)\left[Q\left(\dfrac{\sqrt{d}}{\sigma}\right) - \dfrac{1}{2}Q^2\left(\dfrac{\sqrt{d}}{\sigma}\right)\right] B(p_b, n-2d, 0, d^*-1) + Q\left(\dfrac{\sqrt{d}}{\sigma}\right) \end{array} \right\} \tag{2.21}$$

2.3.2 Liu 上界

2014 年,Liu 等[37]结合次优列表译码算法(算法 2.1),并考虑到码字之间的空间位置关系,提出了如下的 Liu 上界:

$$\Pr\{E\} \leqslant \min_{0 \leqslant d^* \leqslant n} \left\{ \sum_{d \leqslant 2d^*} h_2(A_d) + B(p_b, n, d^*+1, n) \right\} \tag{2.22}$$

式中,

$$h_2(A_d) \triangleq \min \left\{ \begin{array}{l} A_d Q\left(\dfrac{\sqrt{d}}{\sigma}\right) B\left(p_b, n-d, 0, \left\lfloor d^* - \dfrac{d}{2} \right\rfloor\right), \\[3mm] (A_d-1)\left[Q\left(\dfrac{\sqrt{d}}{\sigma}\right) - \dfrac{1}{2}Q^2\left(\dfrac{\sqrt{d}}{\sigma}\right)\right] B\left(p_b, n-2d, 0, \left\lfloor d^* - \dfrac{d}{2} \right\rfloor\right) + Q\left(\dfrac{\sqrt{d}}{\sigma}\right) \end{array} \right\}$$

$$\tag{2.23}$$

注:文献[37]证明了 Liu 上界[37]比 Ma 上界[36]紧致。

本 章 小 结

本章简单介绍了线性分组码基于 GFBT 的上界,并将其分成了两大类,即基于欧氏距离的改进型上界和基于汉明距离的改进型上界。基于欧氏距离的改进型上界包括 TB、KSB、SB、TSB 和 Divsalar 上界,基于汉明距离的改进型上界包括 Ma 上界和 Liu 上界。基于欧氏距离的改进型上界中,各个界选择的 Gallager 区域都不相同,从而得到的界的形式和计算复杂度也不相同。每个界都含有自己最优参数的优化方程,可以看出 SB 和 TSB 的最优参数是与信噪比无关的,TB 的最优参数则依赖于信噪比的取值,这种现象是由什么决定的,其中有怎样的规律,另外最优参数的取值有没有几何上的意义,这些问题在文献中都没有提及。对于以上问题,我们将在后续章节中研究分组码的 Gallager 界时进行解决。

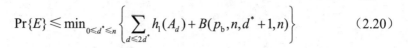

第3章 基于参数化 GFBT 的线性分组码性能界

目前为止，存在两种数学方法用于推导基于 GFBT 的上界技术：数值积分方法（如 SB、TB 和 TSB）和基于"Chernov bound"（切尔诺夫边界）的方法（Divsalar 上界）。但是，由它们推导出的上界存在很多难以直观解释的现象。例如，对于某些上界而言，Gallager 区域大小的最优参数值与信噪比无关等。因此，如何从几何学的角度简单直观地诠释这些现象，对我们研究及改进现存上界显得尤为重要。

本章的研究内容是利用高维空间几何学的方法研究基于 GFBT 的上界。本章的主要内容包括：

（1）为了深入地探讨基于 GFBT 的上界技术，提出嵌套的 Gallager 区域（只含有一个参数）的设计方法，给出最优参数存在的充要条件和最优参数与信噪比无关的必要条件，同时，利用高维几何图形进行简单直观的诠释。

（2）提出参数化 GFBT，同时将此技术应用在现存的 3 种著名上界（SB、TB 和 TSB）中，首次揭示了 Herzberg 等提出的 SB[28]等价于 Kasami 等提出的 KSB[30]。

（3）提出基于三角形谱的改进型现存上界技术，推导了改进型 SB、改进型 TB 和改进型 TSB。

3.1 线性分组码的参数化 GFBT

在第 1 章中，我们介绍了 GFBT。为了方便表达，本章称式（1.1）"$\leqslant$"号右边的"$\Pr\{E, \boldsymbol{y} \in R\} + \Pr\{\boldsymbol{y} \notin R\}$"为 R 界。显然，区域 R 与发送码字的 Voronoi 区域越相似，得到的 R 界就越紧。因此，对于 GFBT 而言，区域 R 的形状和大小都至关重要。在给定区域 R 的形状的条件下，我们可以通过优化它的大小来得到该形状下的最紧 R 界。

现存上界技术都是通过对上界求偏导（对区域 R 的大小求解偏导）等于零的方式求得最优区域的大小值。不同于现存方法，本节将提出嵌套的 Gallager 区域（只含有一个参数）技术，通过该技术，我们可以利用高维几何图形直观地诠释最优参数存在的充要条件和最优参数与信噪比无关的必要条件。

3.1.1　系统模型

假设 $C[n,k,d_{\min}]$ 代表长度为 n，维数为 k，最小重量为 $d_{\min}$ 的二进制线性分组码。码字 $\underline{c} = (c_0, c_1, \cdots, c_{n-1}) \in C$ 经过 BPSK 调制后得到一个双极性信号向量 $\underline{s}$（对于 $0 \leqslant t \leqslant n-1$，$s_t = 1 - 2c_t$），调制信号 $\underline{s}$ 经过 AWGN 信道后，得到接收向量 $\underline{y} = \underline{s} + \underline{z}$，其中，$\underline{z}$ 表示 n 维独立向量（每个分量都是均值为 0，方差为 σ^2 的高斯随机变量）。对于 AWGN 信道来说，其最大似然译码等价于找到一个距离接收向量 $\underline{y}$ 最近的信号向量 $\hat{\underline{s}}$。不失一般性，我们假设发送端发送的码字为全零码字 $\underline{c}^{(0)}$（$\underline{s}^{(0)}$ 为其对应的调制信号向量）。

3.1.2　参数的 GFBT

本章将通过介绍嵌套的 Gallager 区域提出参数化 GFBT。

假设 $\{R(r), r \in I \subseteq \mathbb{R}\}$ 表示形状相同的一组 Gallager 区域集合（由参数 $r \in I$ 定义），其中，$\mathbb{R}$ 表示实数。例如，嵌套的区域可以看成一系列半径为 $r \geqslant 0$ 的 n 维球体所组成的集合。我们进行如下假设：

区域 $\{R(r), r \in I \subseteq \mathbb{R}\}$ 是嵌套的，并且它们的边界将整个空间 $\mathbb{R}^n$ 进行了划分，即

$$R(r_1) \subset R(r_2), \ r_1 < r_2 \tag{3.1}$$

$$\partial R(r_1) \bigcap \partial R(r_2) = \varnothing, \ r_1 \neq r_2 \tag{3.2}$$

和

$$\mathbb{R}^n = \bigcup_{r \in I} \partial R(r) \tag{3.3}$$

式中，$\partial R(r)$ 表示区域 $R(r)$ 的边界面。

当 $\underline{y} \in \partial R(r)$ 时，定义一个函数 $R: \underline{y} \mapsto r$。因接收向量 $\underline{y}$ 的随机性将产生一个随机变量 R，假设 $g(r)$ 表示该随机变量的概率密度函数。

假设 $\Pr\{E \mid \underline{y} \in \partial R(r)\}$ 有一个可计算的上界。为了方便表达，对于 $r \notin I$，设 $g(r) \equiv 0$，将指标集 I 扩大成实数集合 $\mathbb{R}$。在上述假设条件下，我们将得到如下参数化 GFBT。

命题 3.1　对于任意的 $r^* \in \mathbb{R}$，有

$$\Pr\{E\} \leqslant \int_{-\infty}^{r^*} f_u(r)g(r)\mathrm{d}r + \int_{r^*}^{+\infty} g(r)\mathrm{d}r \tag{3.4}$$

证明

$$\Pr\{E\} = \Pr\{E, \underline{y} \in R(r^*)\} + \Pr\{E, \underline{y} \notin R(r^*)\}$$

$$\leqslant \Pr\{E, \underline{y} \in R(r^*)\} + \Pr\{\underline{y} \notin R(r^*)\}$$

$$= \int_{-\infty}^{r^*} f_u(r)g(r)\mathrm{d}r + \int_{r^*}^{+\infty} g(r)\mathrm{d}r$$

为了使上界式（3.4）尽可能紧致，我们该如何选择参数 r^* 呢？一般的方法是通过对式（3.4）求解 r^* 的偏导，并令偏导值等于零来得到最优参数值 r^*。本节将从另外一个角度进行深入分析，最终得到最优参数值。

注： 考虑到可计算的上界 $f_u(r)$ 可能超过 1，因此，假设 $f_u(r)$ 是非平凡的，即存在一些 r，使得 $f_u(r) \leqslant 1$。例如，$f_u(r)$ 可以认为是事件 $\{\underline{y} \in \partial R(r)\}$ 发生的条件下的 UB。

定理 3.1 假设 $f_u(r)$ 是关于 r 的非递减连续函数，r_1 是使上界式（3.4）达到最小值的参数。对于所有的 $r \in I$，如果 $f_u(r) < 1$，则 $r_1 = \sup\{r \in I\}$；否则，r_1 可以取任意满足方程 $f_u(r) = 1$ 的值。再者，如果 $f_u(r)$ 在区间 $[r_{\min}, r_{\max}]$ 上是严格递增的，且满足 $f_u(r_{\min}) < 1$ 和 $f_u(r_{\max}) > 1$，则一定存在唯一的参数 r_1，使得 $f_u(r_1) = 1$ 成立。

证明 对于第二部分而言，由于 $f_u(r)$ 是严格递增且连续的函数，因此，方程 $f_u(r) = 1$ 在区间 $[r_{\min}, r_{\max}]$ 上存在唯一的解。

对于第一部分而言，只需证明无论是 $r_0 < \sup\{r \in I\}$（$f_u(r_0) < 1$），还是 r_2（$f_u(r_2) > 1$），都不可能是最优参数值即可。

选择一个参数 $r_0 < \sup\{r \in I\}$，使得 $f_u(r_0) < 1$。由于 $f_u(r)$ 是连续的，且 $r_0 < \sup\{r \in I\}$，因此，可以找到一个参数 $r_0 < r' \in I$，使得 $f_u(r') < 1$。于是，我们可以得到：

$$\int_{-\infty}^{r_0} f_u(r)g(r)\mathrm{d}r + \int_{r_0}^{+\infty} g(r)\mathrm{d}r$$

$$= \int_{-\infty}^{r_0} f_u(r)g(r)\mathrm{d}r + \int_{r_0}^{r'} g(r)\mathrm{d}r + \int_{r'}^{+\infty} g(r)\mathrm{d}r$$

$$> \int_{-\infty}^{r_0} f_u(r)g(r)\mathrm{d}r + \int_{r_0}^{r'} f_u(r)g(r)\mathrm{d}r + \int_{r'}^{+\infty} g(r)\mathrm{d}r$$

$$= \int_{-\infty}^{r'} f_u(r)g(r)\mathrm{d}r + \int_{r'}^{+\infty} g(r)\mathrm{d}r$$

上式中，我们应用了一个事实，即当 $r \in [r_0, r']$ 时，$f_u(r) < 1$。因此，参数 r' 优于 r_0。

选择一个参数 r_2，使得 $f_u(r_2) > 1$。由于 $f_u(r)$ 是连续且非平凡的函数，因此，可以找到一个参数 $r_1 < r_2$，使得 $f_u(r_1) = 1$。于是，我们可以得到

$$\int_{-\infty}^{r_2} f_u(r)g(r)\mathrm{d}r + \int_{r_2}^{+\infty} g(r)\mathrm{d}r$$

$$= \int_{-\infty}^{r_1} f_u(r)g(r)\mathrm{d}r + \int_{r_1}^{r_2} f_u(r)g(r)\mathrm{d}r + \int_{r_2}^{+\infty} g(r)\mathrm{d}r$$

$$> \int_{-\infty}^{r_1} f_u(r)g(r)\mathrm{d}r + \int_{r_1}^{r_2} g(r)\mathrm{d}r + \int_{r_2}^{+\infty} g(r)\mathrm{d}r$$

$$= \int_{-\infty}^{r_1} f_u(r)g(r)\mathrm{d}r + \int_{r_1}^{+\infty} g(r)\mathrm{d}r$$

上式中，我们应用了一个事实，即当 $r \in (r_1, r_2]$ 时，$f_u(r) > 1$，因为 r_1 是满足方程 $f_u(r)=1$ 的最大值，因此参数 r_1 优于 r_2。

推论 3.1　假设 $f_u(r)$ 是关于 r 的非递减连续函数。如果 $f_u(r)$ 与信噪比无关，则最优参数值 r_1（该参数使得式（3.4）达到最小）也与信噪比无关。

证明　通过定理 3.1 可知，最优参数值 r_1 可以由如下表达式求得

$$f_u(r_1) = 1$$

因此，当 $f_u(r)$ 与信噪比无关时，最优参数值 r_1 也与信噪比无关。

定理 3.1 要求 $f_u(r)$ 是关于 r 的非递减连续函数，这个条件使得很多现存的著名上界可以应用参数化 GFBT。当不考虑上述条件时，我们给出如下通用的定理。

定理 3.2　对于任意一个可测子集 $A \subset I$，我们有

$$\Pr\{E\} \leqslant \int_{r \in A} f_u(r)g(r)\mathrm{d}r + \int_{r \notin A} g(r)\mathrm{d}r \tag{3.5}$$

该形式下最紧致的上界为

$$\Pr\{E\} \leqslant \int_{r \in I_0} f_u(r)g(r)\mathrm{d}r + \int_{r \notin I_0} g(r)\mathrm{d}r \tag{3.6}$$

式中，$I_0 = \{r \in I \mid f_u(r) < 1\}$。等价地，我们有

$$\Pr\{E\} \leqslant \int_{r \in I} \min\{f_u(r), 1\} g(r)\mathrm{d}r \tag{3.7}$$

证明　假设 $G = \bigcup_{r \in A} \partial R(r)$，我们有

$$\Pr\{E\} \leqslant \Pr\{E, \underline{y} \in G\} + \Pr\{\underline{y} \notin G\}$$

$$\leqslant \int_{r \in A} f_u(r)g(r)\mathrm{d}r + \int_{r \notin A} g(r)\mathrm{d}r$$

定义

$$A_0 = \{r \in A \mid f_u(r) < 1\}$$

和

$$A_1 = \{r \in A \mid f_u(r) \geqslant 1\}$$

类似地，定义

$$B_0 = \{r \notin A \mid f_u(r) < 1\}$$

和

$$B_1 = \{r \notin A \mid f_u(r) \geqslant 1\}$$

由于

$$\int_{r \in A} f_u(r)g(r)\mathrm{d}r \geqslant \int_{r \in A_0} f_u(r)g(r)\mathrm{d}r + \int_{r \in A_1} g(r)\mathrm{d}r$$

$$\int_{r \notin A} g(r)\mathrm{d}r \geqslant \int_{r \in B_0} f_{\mathrm{u}}(r)g(r)\mathrm{d}r + \int_{r \in B_1} g(r)\mathrm{d}r$$

因此，

$$\int_{r \in A} f_{\mathrm{u}}(r)g(r)\mathrm{d}r + \int_{r \notin A} g(r)\mathrm{d}r$$
$$\geqslant \int_{r \in A_0 \cup B_0} f_{\mathrm{u}}(r)g(r)\mathrm{d}r + \int_{r \in A_1 \cup B_1} g(r)\mathrm{d}r$$
$$= \int_{r \in I_0} f_{\mathrm{u}}(r)g(r)\mathrm{d}r + \int_{r \notin I_0} g(r)\mathrm{d}r$$
$$= \int_{r \in I} \min\{f_{\mathrm{u}}(r),1\}g(r)\mathrm{d}r$$

3.2 基于条件成对错误概率的参数化 GFBT

假设 $\underline{c}^{(0)}$ 为发送码字（其调制信号为 $\underline{s}^{(0)}$）。对于一个重量为 $d \geqslant 1$ 的码字 $\underline{c}$（其调制信号为 $\underline{s}$），定义

$$\{\underline{s}^{(0)} \to \underline{s}\} \triangleq \{\underline{y} : \| \underline{y} - \underline{s} \| \leqslant \| \underline{y} - \underline{s}^{(0)} \|\}$$

假设 $p_2(r,d)$ 表示在事件 $\{\underline{y} \in \partial R(r)\}$ 发生的条件下的成对错误概率，则

$$p_2(r,d) = \Pr\{\underline{s}^{(0)} \to \underline{s} \mid \underline{y} \in \partial R(r)\}$$
$$= \frac{\int_{\underline{s}^{(0)} \to \underline{s},\, \underline{y} \in \partial R(r)} f(\underline{y})\mathrm{d}\underline{y}}{\int_{\underline{y} \in \partial R(r)} f(\underline{y})\mathrm{d}\underline{y}} \tag{3.8}$$

式中，$f(\underline{y})$ 表示接收向量 $\underline{y}$ 的概率密度函数。不同于成对错误概率，对于某些 r 而言，条件成对错误概率 $p_2(r,d)$ 有可能等于零。

引理 3.1 在事件 $\{\underline{y} \in \partial R(r)\}$ 发生的条件下，假设接收向量 $\underline{y}$ 均匀地分布在 $\partial R(r)$ 上，则条件成对错误概率 $p_2(r,d)$ 与信噪比无关。

证明 当 $\underline{y} \in \partial R(r)$ 时，$f(\underline{y})$ 是一个常数，因此，式（3.8）的分子和分母可以同时消去 $f(\underline{y})$，得

$$p_2(r,d) = \frac{\int_{\underline{s}^{(0)} \to \underline{s},\, \underline{y} \in \partial R(r)} \mathrm{d}\underline{y}}{\int_{\underline{y} \in \partial R(r)} \mathrm{d}\underline{y}} \tag{3.9}$$

式（3.9）表明，条件错误概率 $p_2(r,d)$ 可以由两个表面的面积比值得到，因此，$p_2(r,d)$ 与信噪比无关。

定理 3.3 假设 $f_{\mathrm{u}}(r)$ 是一个条件 UB，即

$$f_{\mathrm{u}}(r) = \sum_{1 \leqslant d \leqslant n} A_d p_2(r,d) \tag{3.10}$$

式中，$\{A_d, 1 \leqslant d \leqslant n\}$ 表示码 C 的重量谱。假设条件 UB $f_u(r)$ 是在 $\underline{y} \in \partial R(r)$ 且接收向量 $\underline{y}$ 均匀地分布在 $\partial R(r)$ 上的情况下求得的 UB。如果 $f_u(r)$ 是关于 r 的非递减连续函数，则最优参数值 r_1（该参数使得式（3.4）达到最小值）与信噪比无关，只依赖于码的重量谱。

证明　通过引理 3.1 可知，$f_u(r)$ 与信噪比无关。通过推论 3.1 可知，r_1 与信噪比无关。

在一般情况下，即使 $f_u(r)$ 不是关于 r 的非递减连续函数，定理 3.2 中定义的最优区域 I_0 同样与信噪比无关。

定理 3.4　基于条件成对错误概率的参数化 GFBT 上界（parameterized Gallager's first bounding technique based on conditional pair-wise error probability，CP-PGFBT）为

$$\Pr\{E\} \leqslant \int_{-\infty}^{r_1} f_u(r) g(r) \mathrm{d}r + \int_{r_1}^{+\infty} g(r) \mathrm{d}r \tag{3.11}$$

式中，

$$f_u(r) = \sum_{1 \leqslant d \leqslant n} A_d p_2(r, d) \tag{3.12}$$

$$p_2(r, d) = \frac{\int_{\underline{s}^{(0)} \to \underline{s}, \underline{y} \in \partial R(r)} \mathrm{d}\underline{y}}{\int_{\underline{y} \in \partial R(r)} \mathrm{d}\underline{y}} \tag{3.13}$$

最优参数值 r_1 可以由下式计算得到：

$$f_u(r_1) = 1 \tag{3.14}$$

3.3　基于条件成三错误概率的参数化 GFBT

选择一个任意的固定码字 $\underline{c}^{(1)}$ 作为参考码字，假设 $d_1 = W_H(\underline{c}^{(1)}) \geqslant 1$。对于一个码字 $\underline{c}$，设置 $i = W_H(\underline{c} - \underline{c}^{(0)})$ 和 $j = W_H(\underline{c} - \underline{c}^{(1)})$。假设 $p_3(r, i, j)$ 表示事件 $\{\underline{y} \in \partial R(r)\}$ 发生的条件成三错误概率，则

$$p_3(r, i, j) = \Pr\left\{\underline{s}^{(0)} \to \underline{s}^{(1)}, \underline{s}^{(0)} \to \underline{s} \mid \underline{y} \in \partial R(r)\right\}$$

$$= \frac{\int_{\underline{s}^{(0)} \to \underline{s}^{(1)}, \underline{s}^{(0)} \to \underline{s}, \underline{y} \in \partial R(r)} f(\underline{y}) \mathrm{d}\underline{y}}{\int_{\underline{y} \in \partial R(r)} f(\underline{y}) \mathrm{d}\underline{y}} \tag{3.15}$$

不同于成三错误概率，对于某些 r 而言，条件成三错误概率 $p_3(r, i, j)$ 有可能等于零。

引理 3.2 假设接收向量 $\underline{y}$ 均匀地分布在 $\partial R(r)$ 上，则条件成三错误概率 $p_3(r,i,j)$（在事件 $\{\underline{y}\in\partial R(r)\}$ 发生的条件下）与信噪比无关。

证明 通过验证条件成三错误概率 $p_3(r,i,j)$ 等于两个表面体的面积的比值，引理 3.2 即可证明。

定理 3.5 假设 $f_u(r)$ 是一个条件 UB，即

$$f_u(r)=-(2^k-3)p_2(r,d_1)+\sum_{1\leqslant i,j\leqslant n}B_{i,j}p_3(r,i,j) \tag{3.16}$$

式中，$\{B_{i,j},0\leqslant i,j\leqslant n\}$ 表示线性分组码 C 的三角形谱。假设条件 UB $f_u(r)$ 是在 $\underline{y}\in\partial R(r)$（接收向量 $\underline{y}$ 均匀地分布在 $\partial R(r)$ 上）的情况下求得的 UB。如果 $f_u(r)$ 是关于 r 的非递减连续函数，则最优参数值 r_1（该参数使得式（3.4）达到最小值）与信噪比无关，只依赖于码的三角形谱。

证明 由自由度为 2 的 Bonferroni 类型不等式，可知

$$f_u(r)=\Pr\left\{\bigcup_{\underline{s}\neq\underline{s}^{(0)}}(\underline{s}^{(0)}\to\underline{s})\mid\underline{y}\in\partial R(r)\right\}$$

$$\leqslant\Pr\{\underline{s}^{(0)}\to\underline{s}^{(1)}\mid\underline{y}\in\partial R(r)\}+{\sum}'\Pr\{\underline{s}^{(0)}\nrightarrow\underline{s}^{(1)},\underline{s}^{(0)}\to\underline{s}\mid\underline{y}\in\partial R(r)\}$$

$$=-(2^k-3)\Pr\{\underline{s}^{(0)}\to\underline{s}^{(1)}\mid\underline{y}\in\partial R(r)\}+{\sum}'\Pr\left\{(\underline{s}^{(0)}\to\underline{s}^{(1)})\bigcup(\underline{s}^{(0)}\to\underline{s})\mid\underline{y}\in\partial R(r)\right\}$$

$$=-(2^k-3)p_2(r,d_1)+\sum_{1\leqslant i,j\leqslant n}B_{i,j}p_3(r,i,j)$$

式中，累加和 ${\sum}'$ 是对所有满足条件 $\{\underline{s}:\underline{s}\neq\underline{s}^{(0)},\underline{s}\neq\underline{s}^{(1)}\}$ 的 $\underline{s}$ 进行求和，事件 $\{\underline{s}^{(0)}\nrightarrow\underline{s}\}$ 是事件 $\{\underline{s}^{(0)}\to\underline{s}\}$ 的补事件。通过引理 3.1 和引理 3.2 可知，$f_u(r)$ 与信噪比无关。通过推论 3.1 可知，r_1 与信噪比无关。

定理 3.6 基于条件成三错误概率的参数化 GFBT 上界（Parameterized Gallager's first bounding technique based on conditional triplet-wise error probability，CT-PGFBT）为

$$\Pr\{E\}\leqslant\int_{-\infty}^{r_1}f_u(r)g(r)\mathrm{d}r+\int_{r_1}^{+\infty}g(r)\mathrm{d}r \tag{3.17}$$

式中，

$$f_u(r)=-(2^k-3)p_2(r,d_1)+\sum_{1\leqslant i,j\leqslant n}B_{i,j}p_3(r,i,j) \tag{3.18}$$

$$p_2(r,d_1)=\frac{\displaystyle\int_{\underline{s}^{(0)}\to\underline{s}^{(1)},\underline{y}\in\partial R(r)}\mathrm{d}\underline{y}}{\displaystyle\int_{\underline{y}\in\partial R(r)}\mathrm{d}\underline{y}} \tag{3.19}$$

$$p_3(r,i,j) = \frac{\displaystyle\int_{\underline{s}^{(0)} \to \underline{s}, \underline{s}^{(0)} \to \underline{s}^{(1)}, \underline{y} \in \partial R(r)} \mathrm{d}\underline{y}}{\displaystyle\int_{\underline{y} \in \partial R(r)} \mathrm{d}\underline{y}} \tag{3.20}$$

最优参数值 r_1 可以由下式计算得到：

$$f_\mathrm{u}(r_1) = 1 \tag{3.21}$$

3.4　两类上界技术性能比较

本节讨论 CP-PGFBT 和 CT-PGFBT（两类上界具有相同的嵌套 Gallager 区域）性能的比较。

从定理 3.4 和定理 3.6 中对比式（3.13）和式（3.20），容易验证：

$$p_3(r,i,j) \leqslant p_2(r,d_1) + p_2(r,i) \tag{3.22}$$

式中，i 表示待求码字 $\underline{c}$ 的汉明重量；d_1 表示参考码字 $\underline{c}^{(1)}$ 的汉明重量；j 表示 $\underline{c}$ 和 $\underline{c}^{(1)}$ 的汉明距离，即 $j = W_\mathrm{H}(\underline{c} - \underline{c}^{(1)})$。

为了更形象地展示条件成对错误概率和条件成三错误概率，我们假设嵌套 Gallager 区域由一系列半径为 $r \geqslant 0$ 的 n 维球组成，如图 3-1 所示，其中，图 3-1（a）中阴影部分的表面积与高维球（半径为 r）的表面积之比为条件成对错误概率，图 3-1（b）中的阴影部分的表面积与高维球（半径为 r）的表面积之比为条件成三错误概率。

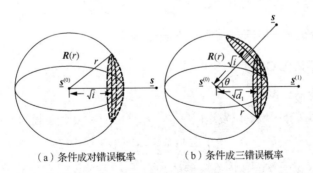

（a）条件成对错误概率　　　　　（b）条件成三错误概率

图 3-1　条件成对错误概率和条件成三错误概率的几何图示

为了方便比较，假设 $f_\mathrm{u}'(r)$ 表示基于条件成对错误概率的 UB，r' 表示 CP-PGFBT 的最优参数值，$f_\mathrm{u}''(r)$ 表示基于条件成三错误概率的 UB，r'' 表示 CT-PGFBT 的最优参数值。

两种上界的条件 UB 有如下关系：

$$f_u''(r) \leqslant f_u'(r) \tag{3.23}$$

因此，两种上界的最优参数值有如下关系：

$$r'' \geqslant r' \tag{3.24}$$

定理 3.7 CT-PGFBT 可以改进 CP-PGFBT。

证明 由 CT-PGFBT，我们可以得到

$$\int_{-\infty}^{r''} f_u''(r)g(r)\mathrm{d}r + \int_{r''}^{+\infty} g(r)\mathrm{d}r$$

$$\leqslant \int_{-\infty}^{r'} f_u''(r)g(r)\mathrm{d}r + \int_{r'}^{r''} g(r)\mathrm{d}r + \int_{r''}^{+\infty} g(r)\mathrm{d}r$$

$$= \int_{-\infty}^{r'} f_u''(r)g(r)\mathrm{d}r + \int_{r'}^{+\infty} g(r)\mathrm{d}r$$

$$\leqslant \int_{-\infty}^{r'} f_u'(r)g(r)\mathrm{d}r + \int_{r'}^{+\infty} g(r)\mathrm{d}r$$

3.5 基于参数化 GFBT 的上界及改进型上界

本节利用基于条件成对错误概率的参数化 GFBT 重新推导现存的基于 GFBT 的 3 种著名的传统上界，即 SB、TB 和 TSB。同时，本节还利用基于条件成三错误概率的参数化 GFBT 对上述 3 种上界进行了改进。

不失一般性，我们假设二进制线性分组码 $C[n,k,d_{\min}]$ 至少有 3 个非零码字，即维数 $k > 1$。选择一个任意的固定码字 $\underline{c}^{(1)}$ 作为参考码字，假设 $d_1 = W_H(\underline{c}^{(1)}) \geqslant 1$。对于一个码字 $\underline{c}$，设 $i = W_H(\underline{c} - \underline{c}^{(0)})$ 和 $j = W_H(\underline{c} - \underline{c}^{(1)})$。

3.5.1 基于参数化 GFBT 的 SB 及改进型 SB

1. 基于参数化 GFBT 的 SB

1）嵌套区域

SB 选择的嵌套区域是以发送码字 $\underline{s}^{(0)}$ 为球心，$r \geqslant 0$ 为半径的一系列 n 维球，即

$$R(r) = \left\{ \underline{y} \middle| \| \underline{y} - \underline{s}^{(0)} \| \leqslant r \right\} \tag{3.25}$$

式中，r 表示 SB 定义的该嵌套区域的参数。

2）参数的概率密度函数

参数 r 的概率密度函数为

$$g(r) = \frac{2r^{n-1}\mathrm{e}^{-\frac{r^2}{2\sigma^2}}}{2^{\frac{n}{2}}\sigma^n \Gamma\left(\frac{n}{2}\right)}, \quad r \geqslant 0 \tag{3.26}$$

3）基于条件成对错误概率的条件 UB

SB 选择 $f_{\mathrm{u}}(r)$ 为基于条件成对错误概率的条件 UB。当给定条件 $\|\boldsymbol{y}-\underline{\boldsymbol{s}}^{(0)}\|=r$，且接收向量 $\boldsymbol{y}$ 均匀地分布在 $\partial R(r)$ 上时，条件成对错误概率 $p_2(r,i)$ 与信噪比无关，因为 $p_2(r,i)$ 可由一个高维球冠和高维球的表面积的比值得到，即

$$p_2(r,i)=\begin{cases}\dfrac{\Gamma\left(\dfrac{n}{2}\right)}{\sqrt{\pi}\,\Gamma\left(\dfrac{n-1}{2}\right)}\displaystyle\int_0^{\arccos\left(\frac{\sqrt{i}}{r}\right)}\sin^{n-2}\phi\mathrm{d}\phi,&r>\sqrt{i}\\[3mm]0,&r\leqslant\sqrt{i}\end{cases}\tag{3.27}$$

该表达式是关于 r 的非递减连续函数，且 $p_2(0,i)=0$ 和 $p_2(+\infty,i)=1/2$，因此，条件 UB

$$f_{\mathrm{u}}(r)=\sum_{1\leqslant i\leqslant n}A_i p_2(r,i)\tag{3.28}$$

也是关于 r 的非递减连续函数，且 $f_{\mathrm{u}}(0)=0$ 和 $f_{\mathrm{u}}(+\infty)\geqslant 3/2$。同时，$f_{\mathrm{u}}(r)$ 在区间 $[\sqrt{d_{\min}},+\infty)$ 内是严格递增的，其中，$f_{\mathrm{u}}(\sqrt{d_{\min}})=0$，因此，存在唯一的参数 r_1，满足

$$\sum_{1\leqslant i\leqslant n}A_i p_2(r_1,i)=1\tag{3.29}$$

该表达式与文献[26]中的式（3.48）相同（对于 $i>r^2$，$p_2(r,i)=0$）。

4）等价性

SB 可以写成

$$\begin{aligned}\Pr\{E\}&\leqslant\int_0^{r_1}f_{\mathrm{u}}(r)g(r)\mathrm{d}r+\int_{r_1}^{+\infty}g(r)\mathrm{d}r\\&=\int_0^{+\infty}\min\{f_{\mathrm{u}}(r),1\}g(r)\mathrm{d}r\end{aligned}\tag{3.30}$$

式中，$g(r)$ 和 $f_{\mathrm{u}}(r)$ 分别来自式（3.26）和式（3.28）。最优参数值 r_1 可以由式（3.29）得到，且 r_1 与信噪比无关。

可以观察到式（3.30）就是 Kasami 等[30]提出的上界，即 KSB。同时，通过如下证明可知式（3.30）等价于 2.2.3 节中的式（2.14）。

首先，最优半径 r_1 满足式（3.29），等价于 2.2.3 节中的式（2.17）；其次，通过变量替换 $z_1=r\cos\phi$ 和 $y=r^2$，可以验证式（3.30）等价于 2.2.3 节中的式（2.14）。

2. 基于参数化 GFBT 的改进型 SB

1）嵌套区域

SB 选择的嵌套区域是以发送码字为球心，$r\geqslant 0$ 为半径的一系列 n 维球，即

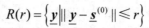

$$R(r) = \left\{ \underline{y} \big| \| \underline{y} - \underline{s}^{(0)} \| \leqslant r \right\}$$

式中，r 表示 SB 定义的该嵌套区域的参数。

2）参数的概率密度函数

参数 r 的概率密度函数为

$$g(r) = \frac{2r^{n-1}\mathrm{e}^{-\frac{r^2}{2\sigma^2}}}{2^{\frac{n}{2}}\sigma^n\Gamma\left(\dfrac{n}{2}\right)}, \quad r \geqslant 0$$

3）基于条件成三错误概率的条件 UB

SB 选择 $f_\mathrm{u}(r)$ 为基于条件成三错误概率的条件 UB。当给定条件 $\| \underline{y} - \underline{s}^{(0)} \| = r$，且接收向量 $\underline{y}$ 均匀地分布在 $\partial R(r)$ 上时，条件成三错误概率 $p_3(r,i,j)$ 与信噪比无关，因为 $p_3(r,i,j)$ 可由两个高维球冠相交所组成的几何体的表面积和高维球的表面积的比值得到，即

$$p_3(r,i,j) = \begin{cases} \displaystyle\int_{d_\mathrm{u}}^{r^2} \frac{\left(\dfrac{n}{2}-1\right)(r^2-v)^{\frac{n-4}{2}}\left(\arccos\sqrt{\dfrac{d_d}{v}}+\arccos\sqrt{\dfrac{d_\mathrm{u}}{v}}+\theta\right)}{2r^{n-2}\pi}\,\mathrm{d}v \\ \quad +\displaystyle\int_{d_d}^{d_\mathrm{u}} \frac{\left(\dfrac{n}{2}-1\right)(r^2-v)^{\frac{n-4}{2}}\arccos\sqrt{\dfrac{d_d}{v}}}{r^{n-2}\pi}\,\mathrm{d}v, & r > \sqrt{d_\mathrm{u}} \\[6pt] \displaystyle\int_{d_d}^{r^2} \frac{\left(\dfrac{n}{2}-1\right)(r^2-v)^{\frac{n-4}{2}}\arccos\sqrt{\dfrac{d_d}{v}}}{r^{n-2}\pi}\,\mathrm{d}v, & \sqrt{d_d} < r \leqslant \sqrt{d_\mathrm{u}} \\[6pt] 0, & r \leqslant \sqrt{d_d} \end{cases} \tag{3.31}$$

式中，

$$d_\mathrm{u} \triangleq \max(d_1, i)$$
$$d_d \triangleq \min(d_1, i)$$
$$\theta = \arccos\left(\frac{d_1+i-j}{2\sqrt{d_1 i}}\right)$$

由于 $p_3(r,i,j)$ 是关于 r 的非递减连续函数，且

$$p_3(0,i,j) = 0, \quad p_3(+\infty,i,j) = (\pi+\theta)/(2\pi)$$

因此，条件 UB

$$f_\mathrm{u}(r) = -(2^k-3)p_2(r,d_1) + \sum_{1\leqslant i,j\leqslant n} B_{i,j}\,p_3(r,i,j) \tag{3.32}$$

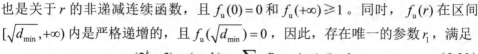

也是关于 r 的非递减连续函数，且 $f_u(0)=0$ 和 $f_u(+\infty)\geqslant 1$。同时，$f_u(r)$ 在区间 $[\sqrt{d_{\min}},+\infty)$ 内是严格递增的，且 $f_u(\sqrt{d_{\min}})=0$，因此，存在唯一的参数 r_1，满足

$$-(2^k-3)p_2(r_1,d_1)+\sum_{1\leqslant i,j\leqslant n}B_{i,j}p_3(r_1,i,j)=1 \tag{3.33}$$

4）基于参数化 GFBT 的改进型 SB

定理 3.8　假设 $\underline{c}^{(1)}$ 为参考码字（$W_H(\underline{c}^{(1)})=d_1\geqslant 1$），码的三角形谱为 $\{B_{i,j}\}$，则基于参数化 GFBT 的改进型 SB 为

$$\Pr\{E\}\leqslant\int_0^{r_1}f_u(r)g(r)\mathrm{d}r+\int_{r_1}^{+\infty}g(r)\mathrm{d}r$$

$$=\int_0^{+\infty}\min\{f_u(r),1\}g(r)\mathrm{d}r \tag{3.34}$$

式中，$g(r)$ 和 $f_u(r)$ 分别来自式（3.26）和式（3.32），最优参数值 r_1 可以由式（3.33）得到，且 r_1 与信噪比无关。

证明　由命题 3.1 可知，将基于条件成三错误概率的条件 UB 式（3.32）和概率密度函数式（3.26）代入式（3.4），定理 3.8 即可证明。

3.5.2　基于参数化 GFBT 的 TB 及改进型 TB

AWGN 信道下的噪声向量 $\underline{z}$ 可以映射成径向分量 z_{ξ_1} 和 $(n-1)$ 个与其垂直的分量 $\{z_{\xi_i},2\leqslant i\leqslant n\}$。本节设 z_{ξ_1} 为向量 $\underline{z}$ 和 $-\underline{s}^{(0)}/\sqrt{n}$ 的内积，z_{ξ_2} 为切线向量（垂直于 z_{ξ_1}，且分布在由向量 $\underline{s}^{(0)}$ 和 $\underline{s}$ 确定的平面上）。

1．基于参数化 GFBT 的 TB

1）嵌套区域

TB 选择的嵌套区域是一系列半平面 $Z_{\xi_1}\leqslant z_{\xi_1}$，其中，$z_{\xi_1}\in\mathbb{R}$ 为 TB 定义的该嵌套区域的参数。

2）参数的概率密度函数

参数 z_{ξ_1} 的概率密度函数为

$$g(z_{\xi_1})=\frac{1}{\sqrt{2\pi}\sigma}\mathrm{e}^{-\frac{z_{\xi_1}^2}{2\sigma^2}} \tag{3.35}$$

3）基于条件成对错误概率的条件 UB

TB 选择 $f_u(z_{\xi_1})$ 为基于条件成对错误概率的条件 UB。当给定条件 $Z_{\xi_1}=z_{\xi_1}$ 时，条件成对错误概率为

$$p_2(z_{\xi_1},i)=\int_{\frac{\sqrt{i}(\sqrt{n}-z_{\xi_1})}{\sqrt{n-i}}}^{+\infty}\frac{1}{\sqrt{2\pi}\sigma}\mathrm{e}^{-\frac{z_{\xi_2}^2}{2\sigma^2}}\mathrm{d}z_{\xi_2} \tag{3.36}$$

该表达式是关于 z_{ξ_1} 的严格递增连续函数，且 $p_2(-\infty,i)=0$，$p_2(\sqrt{n},i)=1/2$，因此，条件 UB

$$f_u(z_{\xi_1}) = \sum_{i=1}^{n} A_i p_2(z_{\xi_1},i) \tag{3.37}$$

也是关于 z_{ξ_1} 的严格递增连续函数，且

$$f_u(-\infty)=0$$

$$f_u(\sqrt{n}) \geqslant 3/2$$

因此，存在唯一的参数 $z_{\xi_1}^* \leqslant \sqrt{n}$，满足

$$\sum_{i=1}^{n} A_i p_2(z_{\xi_1}^*,i)=1 \tag{3.38}$$

该表达式与 2.2.1 节中的式（2.9）相同，即

$$p_2(z_{\xi_1},i) = Q\left(\frac{\sqrt{i}(\sqrt{n}-z_{\xi_1})}{\sigma\sqrt{n-i}}\right), \quad i=\delta_i^2/4$$

式中，δ_i 表示 $\underline{s}^{(0)}$ 和 $\underline{s}$ 的欧氏距离。

4）等价性

TB 可以写成

$$\Pr\{E\} \leqslant \int_{-\infty}^{z_{\xi_1}^*} f_u(z_{\xi_1})g(z_{\xi_1})\mathrm{d}z_{\xi_1} + \int_{z_{\xi_1}^*}^{+\infty} g(z_{\xi_1})\mathrm{d}z_{\xi_1}$$

$$= \int_{-\infty}^{+\infty} \min\{f_u(z_{\xi_1}),1\}g(z_{\xi_1})\mathrm{d}z_{\xi_1} \tag{3.39}$$

式中，$g(z_{\xi_1})$ 和 $f_u(z_{\xi_1})$ 分别来自式（3.35）和式（3.37）。最优参数值 $z_{\xi_1}^*$ 可以由式（3.38）得到。可以发现式（3.39）等价于 2.2.2 节中的式（2.8）。

2. 基于参数化 GFBT 的改进型 TB

1）嵌套区域

TB 选择的嵌套区域是一系列半平面 $Z_{\xi_1} \leqslant z_{\xi_1}$，其中，$z_{\xi_1} \in \mathbb{R}$ 为 TB 定义的该嵌套区域的参数。

2）参数的概率密度函数

参数 z_{ξ_1} 的概率密度函数为

$$g(z_{\xi_1}) = \frac{1}{\sqrt{2\pi}\sigma}\mathrm{e}^{-\frac{z_{\xi_1}^2}{2\sigma^2}}$$

3）基于条件成三错误概率的条件 UB

TB 选择 $f_u(z_{\xi_1})$ 为基于条件成三错误概率的条件 UB。当给定条件 $Z_{\xi_1}=z_{\xi_1}$ 时，

条件成三错误概率为

$$p_3(z_{\xi_1},i,j)=\int_{\frac{\sqrt{d_1}(\sqrt{n}-z_{\xi_1})}{\sqrt{n-d_1}}}^{+\infty}\frac{1}{\sqrt{2\pi}\sigma}e^{-\frac{z_{\xi_2}^2}{2\sigma^2}}dz_{\xi_2}$$

$$+\int_{\frac{\sqrt{i}(\sqrt{n}-z_{\xi_1})}{\sqrt{n-i}}}^{+\infty}\frac{1}{\sqrt{2\pi}\sigma}e^{-\frac{z_{\xi_2}^2}{2\sigma^2}}\left[1-Q\left(\frac{\frac{\sqrt{d_1}(\sqrt{n}-z_{\xi_1})}{\sqrt{n-d_1}}-z_{\xi_2}\cos\theta}{\sigma\sin\theta}\right)\right]dz_{\xi_2} \quad (3.40)$$

式中，

$$\theta=\arccos\left[\frac{n(d_1+i-j)-2d_1 i}{2\sqrt{(n-d_1)(n-i)d_1 i}}\right]$$

$p_3(z_{\xi_1},i,j)$ 是关于 z_{ξ_1} 的严格递增连续函数，且

$$p_2(-\infty,i)=0$$

$$p_2(\sqrt{n},i)=\frac{1}{2}+\int_0^{+\infty}\frac{1}{\sqrt{2\pi}\sigma}e^{-\frac{z_{\xi_2}^2}{2\sigma^2}}\left[\frac{1}{2}-Q\left(\frac{z_{\xi_2}\tan\theta}{\sigma}\right)\right]dz_{\xi_2}\geqslant\frac{1}{2}$$

因此，条件 UB

$$f_u(z_{\xi_1})=-(2^k-3)p_2(z_{\xi_1},d_1)+\sum_{i,j=1}^{n}B_i p_3(z_{\xi_1},i,j) \quad (3.41)$$

也是关于 z_{ξ_1} 的严格递增连续函数，且 $f_u(-\infty)=0$，$f_u(\sqrt{n})\geqslant1$，因此，存在唯一的参数 $z_{\xi_1}^*\leqslant\sqrt{n}$，满足

$$-(2^k-3)p_2(z_{\xi_1}^*,d_1)+\sum_{i,j=1}^{n}B_{i,j}p_3(z_{\xi_1}^*,i,j)=1 \quad (3.42)$$

4）基于参数化 GFBT 的改进型 TB

定理 3.9　假设 $\underline{c}^{(1)}$ 为参考码字（$W_H(\underline{c}^{(1)})=d_1\geqslant1$），码的三角形谱为 $\{B_{i,j}\}$，则基于参数化 GFBT 的改进型 TB 为

$$\Pr\{E\}\leqslant\int_{-\infty}^{z_{\xi_1}^*}f_u(z_{\xi_1})g(z_{\xi_1})dz_{\xi_1}+\int_{z_{\xi_1}^*}^{+\infty}g(z_{\xi_1})dz_{\xi_1}$$

$$=\int_{-\infty}^{+\infty}\min\{f_u(z_{\xi_1}),1\}g(z_{\xi_1})dz_{\xi_1} \quad (3.43)$$

式中，$g(z_{\xi_1})$ 和 $f_u(z_{\xi_1})$ 分别来自式（3.35）和式（3.41），最优参数值 $z_{\xi_1}^*$ 可以由式（3.42）得到。

证明　由命题 3.1 可知，将基于条件成三错误概率的条件 UB 式（3.41）和概率密度函数式（3.35）代入式（3.4），定理 3.9 即可证明。

3.5.3 基于参数化 GFBT 的 TSB 及改进型 TSB

AWGN 信道下的噪声向量 $\underline{z}$ 可以映射成径向分量 z_{ξ_1} 和 $(n-1)$ 个与其垂直的分量 $\{z_{\xi_i}, 2 \leqslant i \leqslant n\}$。本节设 z_{ξ_1} 为向量 $\underline{z}$ 和 $-\underline{s}^{(0)}/\sqrt{n}$ 的内积，z_{ξ_2} 为切线向量（垂直于 z_{ξ_1}，且分布在由向量 $\underline{s}^{(0)}$ 和 $\underline{s}$ 确定的平面上），假设码长 $n \geqslant 3$。

1. 基于参数化 GFBT 的 TSB

1）嵌套区域

TSB 选择的嵌套区域是一系列半平面 $Z_{\xi_1} \leqslant z_{\xi_1}$，其中，$z_{\xi_1} \in \mathbb{R}$ 为 TSB 定义的该嵌套区域的参数。

2）参数的概率密度函数

参数 z_{ξ_1} 的概率密度函数为

$$g(z_{\xi_1}) = \frac{1}{\sqrt{2\pi}\sigma} e^{-\frac{z_{\xi_1}^2}{2\sigma^2}} \tag{3.44}$$

3）基于条件成对错误概率的条件 UB

与 TB 的不同之处在于，TSB 选择 $f_u(z_{\xi_1})$ 为基于条件成对错误概率的条件 SB。假设 $R(r)$ 为 $(n-1)$ 维球体（半径为 $r > 0$，球心为 $(1 - z_{\xi_1}/\sqrt{n})\underline{s}^{(0)}$，分布在高维面 $Z_{\xi_1} = z_{\xi_1}$ 内部）。当给定条件 $Z_{\xi_1} = z_{\xi_1}$ 时，该条件 SB 可以由如下分析得到。

（1）当给定 $Z_{\xi_1} = z_{\xi_1} \geqslant \sqrt{n}$ 时，接收向量落在 $\partial R(r)$ 上，成对错误概率不小于 1/2，因此，条件 UB 不小于 3/2。由定理 3.1 可知，最优半径应满足 $r_1(z_{\xi_1}) = 0$，因此，我们可以得到一个平凡的上界，即 $f_u(z_{\xi_1}) \equiv 1$。

（2）当给定 $Z_{\xi_1} = z_{\xi_1} < \sqrt{n}$ 时，最大似然译码错误概率可以由一个等价的系统进行估计，即经调制后的码字首先乘以系数 $(\sqrt{n} - z_{\xi_1})/\sqrt{n}$，之后在噪声信号为 $(0, Z_{\xi_2}, \cdots, Z_{\xi_n})$ 的 AWGN 信道上进行传输；还可以等价成另外一个系统，即经调制后的码字在噪声信号为 $\sqrt{n}/(\sqrt{n} - z_{\xi_1})(0, Z_{\xi_2}, \cdots, Z_{\xi_n})$ 的 AWGN 信道上进行传输。由于最优半径与信噪比无关，因此，我们可以利用后一个等价系统轻松地获得条件 SB。实际上，当给定噪声信号落在 $(n-1)$ 维球上时（该球分布在高维面 $z_{\xi_1} = 0$ 上），条件成对错误概率为

$$p_2(r,i) = \frac{\Gamma\left(\dfrac{n-1}{2}\right)}{\sqrt{\pi}\,\Gamma\left(\dfrac{n-2}{2}\right)} \int_0^{\arccos\left(\frac{\sqrt{ni/(n-i)}}{r}\right)} \sin^{n-3}\phi\,\mathrm{d}\phi \tag{3.45}$$

当 $r > \sqrt{ni/(n-i)}$ 时，$p_2(r,i) = 0$。因此，条件 SB 为

$$f_{\mathrm{u}}(z_{\xi_1}) = \int_0^{r_1} f_{\mathrm{s}}(r) g_{\mathrm{s}}(z_{\xi_1},r)\mathrm{d}r + \int_{r_1}^{+\infty} g_{\mathrm{s}}(z_{\xi_1},r)\mathrm{d}r \tag{3.46}$$

式中，

$$g_{\mathrm{s}}(z_{\xi_1},r) = \frac{2r^{n-2}\mathrm{e}^{-\frac{r^2}{2\tilde{\sigma}^2}}}{2^{\frac{n-1}{2}}\tilde{\sigma}^{n-1}\Gamma\left(\dfrac{n-1}{2}\right)},\quad r \geqslant 0 \tag{3.47}$$

该式与信噪比有关，$\tilde{\sigma} = \sqrt{n}\sigma/(\sqrt{n}-z_{\xi_1})$；

$$f_{\mathrm{s}}(r) = \sum_{1\leqslant i\leqslant\frac{r^2 n}{r^2+n}} A_i \frac{\Gamma\left(\dfrac{n-1}{2}\right)}{\sqrt{\pi}\,\Gamma\left(\dfrac{n-2}{2}\right)} \int_0^{\arccos\left(\frac{\sqrt{ni/(n-i)}}{r}\right)} \sin^{n-3}\phi\,\mathrm{d}\phi \tag{3.48}$$

该式与信噪比无关。最优半径 r_1 可以由下列方程得到：

$$\sum_{1\leqslant i\leqslant\frac{r_1^2 n}{r_1^2+n}} A_i \frac{\Gamma\left(\dfrac{n-1}{2}\right)}{\sqrt{\pi}\,\Gamma\left(\dfrac{n-2}{2}\right)} \int_0^{\arccos\left[\frac{\sqrt{ni/(n-i)}}{r_1}\right]} \sin^{n-3}\phi\,\mathrm{d}\phi = 1 \tag{3.49}$$

由于 $r_1 < +\infty$，因此，对于所有满足条件 $z_{\xi_1} < \sqrt{n}$ 的 z_{ξ_1} 而言，都有 $f_{\mathrm{u}}(z_{\xi_1}) < 1$。

通过上述分析可知，若 $z_{\xi_1} < \sqrt{n}$，则条件 SB 满足 $f_{\mathrm{u}}(z_{\xi_1}) < 1$；否则，$f_{\mathrm{u}}(z_{\xi_1}) = 1$。因此，最优参数值 $z_{\xi_1}^* = \sqrt{n}$。

4）等价性

TSB 可以写成

$$\Pr\{E\} \leqslant \int_{-\infty}^{\sqrt{n}} f_{\mathrm{u}}(z_{\xi_1}) g(z_{\xi_1})\mathrm{d}z_{\xi_1} + \int_{\sqrt{n}}^{+\infty} g(z_{\xi_1})\mathrm{d}z_{\xi_1} \tag{3.50}$$

式中，$g(z_{\xi_1})$ 来自式（3.44），$f_{\mathrm{u}}(z_{\xi_1})$ 来自式（3.46）～式（3.49）。

下面证明式（3.50）等价于 2.2.4 节给出的 TSB。

首先，两者给出的最优区域是一致的（严格地说，本节的推导清晰明了地说明了最优区域是一个半圆锥而非完全圆锥。两个上界的最优区域是一致的，因此，虽然计算上界的过程不同，但是所推导出的上界是一致的）。最优半径值 r_1 满足

式（3.49），等价于 2.2.4 节中的式（2.17）。当考虑到高维面 $Z_{\xi_1} = z_{\xi_1}$ 时，最优参数是 $r_1(\sqrt{n} - z_{\xi_1})/\sqrt{n}$，这表明最优区域是一个半圆锥（该圆锥母线与中轴的夹角与 2.2.4 节中的式（2.17）给出的一致）。其次，通过变量替换：

$$r' = r(\sqrt{n} - z_{\xi_1})/\sqrt{n}, \quad z_{\xi_2} = r'\cos\phi, \quad v = r'^2 - z_{\xi_2}^2, \quad y = r'^2$$

可以确认式（3.50）与 2.2.4 节中的式（2.16）是一致的（除了第二项 $\Pr\{Z_{\xi_1} \geqslant \sqrt{n}\}$，该项没有出现在原始 TSB 的推导中，但是，这一项是需要的，见文献[59]的附录 A）。

2. 基于参数化 GFBT 的改进型 TSB

1）嵌套区域

TSB 选择的嵌套区域是一系列半平面 $Z_{\xi_1} \leqslant z_{\xi_1}$，其中，$z_{\xi_1} \in \mathbb{R}$ 为 TSB 定义的该嵌套区域的参数。

2）参数的概率密度函数

参数 z_{ξ_1} 的概率密度函数为

$$g(z_{\xi_1}) = \frac{1}{\sqrt{2\pi}\sigma}\mathrm{e}^{-\frac{z_{\xi_1}^2}{2\sigma^2}}$$

3）基于条件成三错误概率的条件 UB

当给定噪声向量分布在 $(n-1)$ 维的球面 $\partial R(r)$ 上时（该球分布在高维面 $z_{\xi_1} = 0$ 上），条件成三错误概率为

$$p_3(r,i,j) = \begin{cases} \displaystyle\int_{d'_u}^{r^2} \frac{\left(\dfrac{n}{2}-1\right)(r^2-v)^{\frac{n-5}{2}}\left(\arccos\sqrt{\dfrac{d'_d}{v}} + \arccos\sqrt{\dfrac{d'_u}{v}} + \theta\right)}{2r^{n-3}\pi}\mathrm{d}v \\ \displaystyle+\int_{d'_d}^{d'_u} \frac{\left(\dfrac{n}{2}-1\right)(r^2-v)^{\frac{n-5}{2}}\arccos\sqrt{\dfrac{d'_d}{v}}}{r^{n-3}\pi}\mathrm{d}v, \quad r > \sqrt{d'_u} \\ \displaystyle\int_{d'_u}^{r^2} \frac{\left(\dfrac{n}{2}-1\right)(r^2-v)^{\frac{n-5}{2}}\arccos\sqrt{\dfrac{d'_u}{v}}}{r^{n-3}\pi}\mathrm{d}v, \quad \sqrt{d'_d} < r \leqslant \sqrt{d'_u} \\ 0, \quad\quad\quad\quad\quad\quad\quad\quad\quad\quad 0 \leqslant r \leqslant \sqrt{d'_d} \end{cases} \tag{3.51}$$

式中，

$$d'_u \triangleq \max\left\{\frac{nd_1}{n-d_1}, \frac{ni}{n-i}\right\}$$

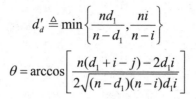

$$d'_d \triangleq \min\left\{\frac{nd_1}{n-d_1}, \frac{ni}{n-i}\right\}$$

$$\theta = \arccos\left[\frac{n(d_1 + i - j) - 2d_1 i}{2\sqrt{(n-d_1)(n-i)d_1 i}}\right]$$

因此，条件 SB 为

$$f_u(z_{\xi_1}) = \int_0^{r_1} f_s(r) g_s(z_{\xi_1}, r) \mathrm{d}r + \int_{r_1}^{+\infty} g_s(z_{\xi_1}, r) \mathrm{d}r \qquad (3.52)$$

式中，$g_s(z_{\xi_1}, r)$ 来自式（3.47），则

$$f_s(r) = -(2^k - 3)p_2(r, d_1) + \sum_{1 \leqslant i, j \leqslant n} B_{i,j} p_3(r, i, j) \qquad (3.53)$$

式中，$p_2(r, d_1)$ 来自式（3.45），$p_3(r, i, j)$ 来自式（3.51）。因此，$f_s(r)$ 与信噪比无关，最优半径 r_1 可以由如下方程得到：

$$-(2^k - 3)p_2(r_1, d_1) + \sum_{1 \leqslant i, j \leqslant n} B_{i,j} p_3(r_1, i, j) = 1 \qquad (3.54)$$

4）基于参数化 GFBT 的改进型 TSB

定理 3.10　假设 $\underline{c}^{(1)}$ 为参考码字（$W_H(\underline{c}^{(1)}) = d_1 \geqslant 1$），码的三角形谱为 $\{B_{i,j}\}$，则基于参数化 GFBT 的改进型 TSB 为

$$\Pr\{E\} \leqslant \int_{-\infty}^{\sqrt{n}} f_u(z_{\xi_1}) g(z_{\xi_1}) \mathrm{d}z_{\xi_1} + \int_{\sqrt{n}}^{+\infty} g(z_{\xi_1}) \mathrm{d}z_{\xi_1} \qquad (3.55)$$

式中，$g(z_{\xi_1})$ 来自式（3.44），$f_u(z_{\xi_1})$ 来自式（3.52）～式（3.54）。

证明　由命题 3.1 可知，将基于条件成三错误概率的条件 UB 式（3.52）和概率密度函数式（3.44）代入式（3.4），定理 3.10 即可证明。

3.6　主要程序实现

本节给出基于参数化 GFBT 的改进型 SB、基于参数化 GFBT 的改进型 TB 和基于参数化 GFBT 的改进型 TSB 的主要程序。

```
void SB_triplet_fer()          //基于参数化 GFBT 的改进型 SB
{
    double Fer;                 //误帧率上界
    double snrdB;               //信噪比(dB)
    double snr,var;
    int d1,d2,d12;
    double theta;
    LogReal temp_sum;
    LogReal temp_pair;
```

```
LogReal pair_wise;          //成对错误概率
LogReal triplet_wise;       //成三错误概率
LogReal sum_r_first;
LogReal sum_r_second;
LogReal FerLog;
LogReal g_r;
double  r, r_up, r_opt;
LogReal temp0, temp1, temp2;
LogReal gamma_temp1;
double a,x,t;
BPoly *p;
int count;
LogReal sum_result;
LogReal *fer_array;
int fer_num = 0;
LogReal *sum_r;
int count_r;
LogReal *sum_t;
int count_t;

LogReal one;                //定义对数形式的"1"
one.signx = 1;
one.logx = 0;
LogReal none;               //定义对数形式的"1"
none.signx = -1;
none.logx = 0;
double step = 0.01; //积分运算时,设定的步长为0.01
LogReal step_log;           //将步长step变换成对数形式
step_log.signx = 1;
step_log.logx = log((double)step);

FILE *fp;
char file_name[80];
sprintf(file_name, "SB_triplet_fer.txt");
                            //将计算出来的最终结果保存到文件
                            // "SB_triplet_fer.txt"中
fp = fopen(file_name, "a+");
fprintf(fp, "\n\n\nsnrdB *** FER \n");
fclose(fp);
p = m_WEF->next;        //读取文件中的三角形谱等数据
while(p != NULL)
{
    fer_num++;
    p = p->next;
```

```
    }
    fer_array = (LogReal *)malloc(fer_num*sizeof(LogReal));
    for(snrdB = my_code.minimum_snr; snrdB <= my_code.maximum_
snr; snrdB += my_code.increment_snr)
    {
        fp = fopen(file_name, "a+");
        fprintf(fp, "\n%g    ", snrdB);
        fprintf(stdout, "\nsnrdB = %g    ", snrdB);
        snr = pow(10, 0.1*snrdB);
        var = 1/(2* my_code.code_rate * snr);
        d1 = my_code.weight_fixed_word;
        FerLog.signx = 0;
        r_up = DBL_MAX;
        sum_r = (LogReal *)malloc((1000/step+1)*sizeof(LogReal));
        count_r = 0;
        sum_r_first.signx = 0;
         for(r = step / 2 ;r < r_up; r = r + step)
        {
            g_r.signx = 1;
            g_r.logx = log((double)2)+(my_code.code_length-1)*
log((double)r)+(- r * r /(2 * var))- my_code.code_length * 0.5
* log((double)2*var)- Gamma(my_code.code_length * 1.0 / 2).logx;
            p = m_WEF->next;
            pair_wise = P2_condition(r *  r,sqrt((double)d1),
my_code.code_length);
            count = 0;
            while(p != NULL)
            {
                if(p->coefficient.signx != 0)
                {
                    d2 = p->y_expn;
                    d12 = p->x_expn;
                    if(d2 >(r*r))
                        break;
                    if(d12 == 0)
                    {
                        fer_array[count] = pair_wise;
                        count++;
                    }
                    else
                    {
                      Theta = acos((d1+d2-d12)/(2.0*sqrt((double)
d1*d2)));
```

```
                        triplet_wise = P3_condition(r * r, sqrt
((double)d1), sqrt((double)d2), theta, my_code.code_length);
                        temp_pair.signx = -pair_wise.signx;
                        temp_pair.logx = pair_wise.logx;
                        double test1, test2, test3;
                        test1 = triplet_wise.signx * exp(triplet_
wise.logx);
                        test2 = pair_wise.signx * exp(pair_wise.logx);
                        temp_sum = LogRealAdd(triplet_wise,   temp_
pair);

                        test3 = temp_sum.signx * exp(temp_sum.logx);
                        temp_sum = LogRealMult(p->coefficient,
temp_sum);

                        fer_array[count] = temp_sum;
                        count++;
                    }
                }
                p = p->next;
            }
            if(count != 0)
            {
                sum_result = SortSum(count,fer_array);
            }
            else
            {
                sum_result.signx = 0;
                sum_result.logx = 0;
            }

            if(sum_result.signx * exp(sum_result.logx) >= 1)
            {
                r_opt = r;
                break;
            }
            sum_result = LogRealMult(LogRealMult(sum_result,
g_r), step_log);
            sum_r[count_r] = sum_result;
            count_r++;
        }
        if(count_r != 0)
        {
            sum_r_first = SortSum(count_r,sum_r);
        }
        else
```

```
    {
        sum_r_first.signx = 0;
        sum_r_first.logx = 0;
    }
    free(sum_r);
    sum_r = NULL;


    a = my_code.code_length/2.0;
    x = r_opt*r_opt/(2*var);
    gamma_temp1.signx = 0;
    sum_t = (LogReal *)malloc(((x-0.001)/step+1)*
sizeof(LogReal));
    count_t = 0;
    for(t = 0.001;t <= x;t += step)
    {
        temp0.signx = 1;
        temp0.logx = (a-1)*log((double)t)-t;
        temp1.signx = 1;
        temp1.logx = log((double)step);
        sum_t[count_t] = LogRealMult(temp0,temp1);
        count_t++;
    }
    if(count_t != 0)
    {
        gamma_temp1 = SortSum(count_t,sum_t);
    }
    else
    {
        gamma_temp1.signx = 0;
        gamma_temp1.logx = 0;
    }
    free(sum_t);
    sum_t = NULL;
    temp2 = Gamma(a);
    temp2.logx = -temp2.logx;
    gamma_temp1 = LogRealMult(gamma_temp1,temp2);
    gamma_temp1.signx = -1;
    gamma_temp1 = LogRealAdd(one,gamma_temp1);
    sum_r_second = gamma_temp1;
    FerLog = LogRealAdd(sum_r_first, sum_r_second);
    Fer =  FerLog.signx * exp(FerLog.logx);
    fprintf(fp, "%.5e", Fer);
    fclose(fp);
}
```

```
      free(fer_array);
      printf("Hello World!\n");
}


void TB_triplet_fer()            //基于参数化 GFBT 的改进型 TB
{
      double Fer;                 //误帧率上界
      double snrdB;               //信噪比(dB)
      double snr,var;
      int d1,d2,d12;
      double theta, theta_z1, r;
      double  step = 0.01;        //积分运算时,设定的步长为 0.01
      double  beta_d1_z1, beta_d2_z1;
      double  z1, z1_up, z1_down;
      BPoly *p;
      LogReal FerLog;
      int count;
      LogReal sum_result;
      LogReal *fer_array;
      int fer_num = 0;
      LogReal *sum_z1;
      int count_z1;
      LogReal pair_wise;          //成对错误概率
      LogReal triplet_wise;       //成三错误概率
      LogReal temp_sum;
      LogReal temp_pair;
      LogReal temp1, temp2, Q;
      FILE *fp;
      char file_name[80];
      sprintf(file_name, "TB_triplet_fer.txt");
                              //将计算出来的最终结果输出到文件
                              //"TB_triplet_fer.txt"中
      fp = fopen(file_name, "a+");
      fprintf(fp, "\n\n\nsnrdB *** FER \n");
      fclose(fp);
      p = m_WEF->next;            //读取文件中的三角形谱等数据
      while(p != NULL)
      {
          fer_num++;
          p = p->next;
      }
      fer_array = (LogReal *)malloc(fer_num*sizeof(LogReal));
      for(snrdB = my_code.minimum_snr; snrdB <= my_code.maximum_
snr; snrdB += my_code.increment_snr)
```

```
    {
    fp = fopen(file_name, "a+");
    fprintf(fp, "\n%g    ", snrdB);
    fprintf(stdout, "\nsnrdB = %g    ", snrdB);
    snr = pow(10, 0.1*snrdB);
    var = 1/(2* my_code.code_rate * snr);
    z1_up = 4 * sqrt((double)var);
    z1_down = -4 * sqrt((double)var);
    d1 = my_code.weight_fixed_word;
    FerLog.signx = 0;
    sum_z1 = (LogReal *)malloc(((z1_up-z1_down)/step+1)*
sizeof(LogReal));
    count_z1 = 0;
     for(z1 = z1_down + step / 2 ;z1 < z1_up; z1 = z1 + step)
    {
        p = m_WEF->next;
        beta_d1_z1 = (sqrt((double)my_code.code_length)-
z1)* sqrt((double)d1)/ sqrt((double)my_code.code_length - d1);
        pair_wise = P2(beta_d1_z1 / sqrt((double)var));
        count = 0;
        while(p != NULL)
        {
            if(p->coefficient.signx != 0)
            {
                d2 = p->y_expn;
                d12 = p->x_expn;

                if(d12 == 0)
                {
                    fer_array[count] = pair_wise;
                    count++;
                }
                else
                {
                    beta_d2_z1 = (sqrt((double)my_code.code_
length) - z1)* sqrt((double)d2)/ sqrt((double)my_code.code_
length - d2);
                    theta = acos((d1+d2-d12)/(2.0*sqrt
((double)d1*d2)));

                    theta_z1 = acos((my_code.code_length *
cos(theta) - sqrt((double)d1 * d2))/ sqrt((double)(my_
code.code_length - d1)*(my_code.code_length - d2)));
```

```
                                triplet_wise = P3(beta_d1_z1 / sqrt
((double)var), beta_d2_z1 / sqrt((double)var),  theta_z1);
                                temp_pair.signx = -pair_wise.signx;
                                temp_pair.logx = pair_wise.logx;
                                temp_sum = LogRealAdd(triplet_wise, temp_
pair);
                                temp_sum = LogRealMult(p->coefficient, temp_
sum);

                                fer_array[count] = temp_sum;
                                count++;
                            }
                        }
                        p = p->next;
                    }
                    if(count != 0)
                    {
                        sum_result = SortSum(count,fer_array);
                    }
                    else
                    {
                        sum_result.signx = 0;
                        sum_result.logx = 0;
                    }
                    if(sum_result.signx * exp(sum_result.logx)> 1.0)
                    {
                        r = z1;
                        break;
                    }
                temp1.signx = 1;
                temp1.logx = -z1*z1/(2*var)-log((double)sqrt((double)
2*PI*var));
                temp2.signx = 1;
                temp2.logx = log((double)step);
                temp1 = LogRealMult(temp1,temp2);
                sum_z1[count_z1] = LogRealMult(temp1,sum_result);
                count_z1++;
            }
            if(count_z1 != 0)
            {
                FerLog = SortSum(count_z1,sum_z1);
            }
            else
            {
```

```
            FerLog.signx = 0;
            FerLog.logx = 0;
        }
        free(sum_z1);
        sum_z1 = NULL;
        Q.signx = 1;
        Q.logx = FunctionQ(r / sqrt((double)var));
        FerLog = LogRealAdd(FerLog , Q);
         Fer = FerLog.signx * exp(FerLog.logx);
        fprintf(fp, "%.5e", Fer);
        fclose(fp);
    }
    free(fer_array);
    printf("\nComplete!\n");
}


void TSB_triplet_fer()          //基于参数化 GFBT 的改进型 TSB
{
    double Fer;                 //误帧率上界
    double snrdB;               //信噪比(dB)
    double snr,var;
    double step_z1 = 0.01;
    int d1,d2,d12, dmin, d_up;
    double theta, theta_z1;
    double  r, r_up, r_down;
    double rz1,z1, z1_up, z1_down;
    double  beta_d1_z1, beta_d2_z1;

    BPoly *p;
    int count;
    LogReal sum_result;
    LogReal *fer_array;
    int fer_num = 0;
    LogReal *sum_z1;
    int count_z1;
    LogReal *sum_r;
    int count_r;
    LogReal *sum_t;
    int count_t;

    LogReal FerLog;
    LogReal gamma_temp1, s, A, C, Q;
    LogReal temp0, temp1, temp2;
    LogReal temp_sum;
```

```
LogReal sum_rz1_first;
LogReal sum_rz1_second;
LogReal g_r;
LogReal pair_wise;            //成对错误概率
LogReal triplet_wise;         //成三错误概率
LogReal temp_pair;
double a,x,t;
double z1_star;

FILE *fp;
LogReal one;                  //定义对数形式的 1
one.signx = 1;
one.logx = 0;
LogReal none;                 //定义对数形式的-1
none.signx = -1;
none.logx = 0;
double step = 0.01;           //积分运算时,设定的步长为 0.01
LogReal step_log;             //将步长 step 变换成对数形式
step_log.signx = 1;
step_log.logx = log((double)step);
char file_name[80];
sprintf(file_name, "TSB_triplet_fer.txt");
fp = fopen(file_name, "a+");
fprintf(fp, "\n\n\nsnrdB *** FER \n");
fclose(fp);
p = m_WEF->next;
while(p != NULL)
{
    fer_num++;
    p = p->next;
}
fer_array = (LogReal *)malloc(fer_num*sizeof(LogReal));
for(snrdB = my_code.minimum_snr; snrdB <= my_code.maximum_
snr; snrdB += my_code.increment_snr)
    {
    fp = fopen(file_name, "a+");
    fprintf(fp, "\n%g    ", snrdB);
    fprintf(stdout, "\nsnrdB = %g    ", snrdB);
    snr = pow(10, 0.1*snrdB);
    var = 1/(2* my_code.code_rate * snr);
    d1 = my_code.weight_fixed_word;
    z1_up = sqrt((double)my_code.code_length);
    z1_down = -4 * sqrt((double)var);
    r_up = DBL_MAX;
```

```
z1_star = 0.0;
FerLog.signx = 0;
for(z1 = z1_down + step_z1 / 2 ;z1 < z1_up; z1 = z1 +
step_z1)
    {
        sum_rz1_first.signx = 0;
        for(r = step / 2; r <= r_up; r = r + step)
        {
            g_r.signx = 1;
            g_r.logx = log((double)2)+(my_code.code_length -
2)* log((double)r)+(-r * r /(2 * var))-(my_code.code_length -
1.0)* 0.5 * log((double)2*var)- Gamma((my_code.code_length -
1.0)/ 2).logx;

            beta_d1_z1 =(sqrt((double)my_code.code_length)-
z1)* sqrt((double)d1)/ sqrt((double)my_code.code_length - d1);
            pair_wise = P2_condition(r * r, beta_d1_z1,
my_code.code_length - 1);
             p = m_WEF->next;
            count = 0;
            while(p != NULL)
            {
                if(p->coefficient.signx != 0)
                {

                    d2 = p->y_expn;
                    d12 = p->x_expn;
                    if(d12 == 0)
                    {
                        fer_array[count] = pair_wise;
                        count++;
                    }
                    else if(d2 != my_code.code_length)
                    {

                        beta_d2_z1 =(sqrt((double)my_code.
code_length)- z1) * sqrt((double)d2)/ sqrt((double)my_code.
code_length - d2);

                        theta=acos((d1+d2-d12)/(2.0*sqrt
((double)d1*d2)));
                        theta_z1 = acos((my_code.code_length *
cos(theta)- sqrt((double)d1 * d2))/ sqrt((double)(my_code.
```

```
code_length - d1)*(my_code.code_length - d2)));
                        temp_sum = P4_condition(r * r, beta_d1_
z1, beta_d2_z1,  theta_z1, my_code.code_length - 1);
                        temp_sum = LogRealMult(p->coefficient,
temp_sum);

                        fer_array[count] = temp_sum;
                        count++;
                    }
                }
                p = p->next;
            }
            if(count != 0)
            {
                sum_result = SortSum(count,fer_array);
            }
            else
            {
                sum_result.signx = 0;
                sum_result.logx = 0;
            }
            if(sum_result.signx * exp(sum_result.logx)> 1.0)
            {
                rz1 = r;
                break;
            }
            sum_result = LogRealMult(LogRealMult(sum_result,
g_r), step_log);
            sum_rz1_first = LogRealAdd(sum_rz1_first, sum_
result);
        }
        a = (my_code.code_length-1)/2.0;
        x = rz1*rz1/(2*var);
        gamma_temp1.signx=0;
        sum_t = (LogReal *)malloc(((x-0.001)/step+1)*sizeof
(LogReal));
        count_t = 0;
        for(t = 0.001;t <= x;t += step)
        {
            temp0.signx = 1;
            temp0.logx = (a-1)*log((double)t)-t;
            temp1.signx = 1;
            temp1.logx = log((double)step);
            gamma_temp1 = LogRealAdd(gamma_temp1,LogRealMult
```

```
(temp0,temp1));
        }
        temp2 = Gamma(a);
        temp2.logx = -temp2.logx;
        gamma_temp1 = LogRealMult(gamma_temp1,temp2);
        gamma_temp1.signx = -1;
        gamma_temp1 = LogRealAdd(one,gamma_temp1);
        sum_rz1_second = gamma_temp1;
        A = LogRealAdd( sum_rz1_first , sum_rz1_second);

        if(A.signx == 1 && A.logx > 0)
        {
            A.signx = 1;
            A.logx = 0.0;
            z1_star = z1;
            fprintf(stdout, "\n z1 = %g    ", z1);
        }
        C.signx=1;
        C.logx = -z1 * z1 / (2 * var)- log((double)sqrt
((double)2 *PI * var));
        A = LogRealMult(A,C);
        s.signx = 1;
        s.logx = log((double)step_z1);
        A = LogRealMult(A,s);
        FerLog = LogRealAdd(FerLog,A);

    }
    if(fabs(z1_star - 0.0)< 0.00001)
    {
        Q.signx = 1;
        Q.logx = FunctionQ(sqrt((double)my_code.code_
length)/ sqrt((double)var));

    }
    else
    {
        Q.signx = 1;
        Q.logx = FunctionQ(z1_star / sqrt((double)var));

    }
    FerLog = LogRealAdd(FerLog , Q);
```

```
        Fer = FerLog.signx * exp(FerLog.logx);
        fprintf(fp, "%.8e", Fer);
        fclose(fp);
    }
    free(fer_array);
    printf("\nComplete!\n");
}
```

3.7 应用实例

通过定理 3.7 的证明可知，由于本章所提出的基于条件成三错误概率上界技术计算的是二阶 Bonferroni 类型不等式，因此该基于条件成三错误概率上界技术可以改进本章所提出的基于条件成对错误概率上界技术；又由于所提出的基于条件成对错误概率上界技术等价于 3 种著名的传统上界技术（即 SB、TB 和 TSB），因此所提出的基于条件成三错误概率上界技术可以改进这 3 种著名的传统上界技术。为了验证上述说法，我们给出如下例子。

3.7.1 汉明码

本节以汉明码 $C_2[7,4]$ 作为例子来展现所提出的基于条件成三错误概率上界技术的紧致性。图 3-2 给出了 3 种著名的传统上界技术（SB、TB 和 TSB）和基于条件成三错误概率上界技术（定理 3.8、定理 3.9 和定理 3.10）及最大似然译码误帧率的蒙特卡罗仿真的性能比较。其中，横坐标 E_b/N_0 代表信噪功率比，E_b 代表信号的功率，N_0 代表噪声的功率。对于汉明码 $C_2[7,4]$ 而言，选择最小重量为 3 的码字 $\underline{c}^{(1)}$ 作为参考码字，用于计算 TrEF。通过计算，我们得到

$$B(X,Y) = Y^3 + X^3 + 6X^3Y^4 + 6X^4Y^3 + X^4Y^7 + X^7Y^4$$

通过图 3-2 可知，所提出的基于条件成三错误概率的参数化 SB 技术和基于条件成三错误概率的参数化 TB 技术都改进了原始的 SB 技术和 TB 技术。所提出的基于条件成三错误概率的参数化 TSB 技术几乎和原始的 TSB 技术及最大似然仿真曲线重合，但是通过表 3-1 的对比可知，基于条件成三错误概率的参数化 TSB 技术的数值优于原始的 TSB 技术。

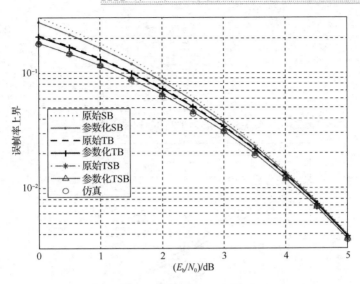

图 3-2　汉明码 $C_2[7,4]$ 最大似然译码误帧率上界性能比较

（基于参数化成三错误概率的上界和原始上界）

表 3-1　汉明码 $C_2[7,4]$ 最大似然译码误帧率的上界性能比较

（基于条件成三错误概率的参数化 TSB 和原始 TSB 数值比较）

E_b/N_0	参数化 TSB	原始 TSB	E_b/N_0	参数化 TSB	原始 TSB
0	0.182809102	0.182815610	3.0	0.0309101371	0.0309612544
0.5	0.147731240	0.147953507	3.5	0.0198107679	0.0198404309
1.0	0.116192811	0.116380198	4.0	0.0119985272	0.0120152852
1.5	0.0884942841	0.0886363277	4.5	0.00682629341	0.00683428949
2.0	0.0650010274	0.0651156264	5.0	0.00362377251	0.00362688958
2.5	0.0458529853	0.0459322156			

3.7.2　卷积码

本节以卷积码[204,100]作为例子来展现所提出的基于条件成三错误概率上界技术的紧致性。该卷积码的编码器如图 3-3 所示。图 3-4 给出了 3 种著名的传统上界技术（SB、TB 和 TSB）和基于条件成三错误概率上界技术（定理 3.8、定理 3.9 和定理 3.10）的性能比较。对于卷积码[204,100]而言，选择最小重量为 5 的码字作为参考码字来计算 TrEF。通过图 3-4 可知，所提出的 3 种基于条件成三错误概率的参数化技术改进了 3 种原始上界技术（SB、TB 和 TSB）。

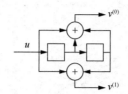

图 3-3　码率为 1/2 的卷积编码器

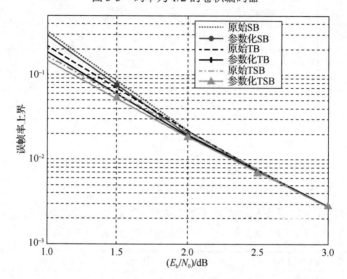

图 3-4　卷积码[204,100]最大似然译码误帧率上界性能比较
（基于条件成三错误概率的上界和原始上界）

本 章 小 结

  本章提出了参数化 GFBT，利用高维空间几何学的方法研究了基于 GFBT 的上界问题，从几何学角度形象直观地诠释了基于 GFBT 的上界所具有的性质，并给出了基于 GFBT 的改进型上界技术。本章首先提出了 Gallager 区域最优参数值存在的充要条件和最优参数值与信噪比无关的必要条件，并且利用高维几何图形进行了简单直观的诠释；其次，提出了基于条件成对错误概率的参数化 GFBT 的计算方法，重新推导了现存的 3 种著名的传统上界（SB、TB 和 TSB）；再次，揭示了 Herzberg 和 Poltyrev 于 1994 年提出的 SB 等价于 Kasami 等于 1992 年提出的 SB；最后，提出了基于条件成三错误概率的参数化 GFBT 的计算方法，提出了基于三角形谱的改进型现存上界技术,给出了改进型 SB、改进型 TB 和改进型 TSB。

第 4 章 基于参数化 GFBT 的一般分组码性能界

本章将定义一般分组码、一般分组码的欧氏距离谱和三角形欧氏距离谱,同时建立一般分组码的 AWGN 信道模型,研究一般分组码在 AWGN 信道下的最大似然译码性能界。基于第 3 章提出的线性分组码的参数化 GFBT,我们进一步提出一般分组码的参数化 GFBT,继而有效地将 Gallager 界推广到一般分组码的性能分析中。

4.1 一般分组码

一般分组码 $C(n,M) \subset \mathbb{R}^n$ 表示一个含有 M 个 n 维实向量(也可看成是码字)的集合。我们将一个码字 $\underline{s}$ 和 n 维空间原点 O 之间的平方欧氏距离表示为 $\| \underline{s} \|^2$,也可以看作该码字 $\underline{s}$ 的能量。如果所有码字具有相等的能量,我们就认为这种码字具有等能量性质。

给定一个码字 $\underline{s}$,我们用 $A_{\delta|\underline{s}}$ 表示与 $\underline{s}$ 的欧氏距离为 δ 的码字的个数,由此定义

$$A_\delta \triangleq \sum_{\underline{s}} \Pr\{\underline{s}\} A_{\delta|\underline{s}}$$

表示欧氏距离为 δ 的有序成对码字的平均个数。

定义 4.1 一般分组码 $C(n,M)$ 的欧氏距离枚举函数定义如下:

$$A(X) \triangleq \sum_\delta A_\delta X^{\delta^2}$$

式中, X 表示哑变量,并且对所有可能的 δ 进行求和。对于一般分组码,最多存在 $\dbinom{M}{2}$ 个非零系数 $\{A_\delta\}$,我们称 $\{A_\delta\}$ 为欧氏距离谱。

为了求一般分组码的 TB,我们需要另一个距离谱。给定一个能量为 δ_1^2 的码字 $\underline{s}$,我们用 $B_{\delta_1,\delta_2,\delta|\underline{s}}$ 表示具有能量 δ_2^2 且与 $\underline{s}$ 的欧氏距离为 δ 的码字 $\hat{\underline{s}}$ 的个数。由此定义

$$B_{\delta_1,\delta_2,\delta} \triangleq \sum_{\underline{s}} \Pr\{\underline{s}\} B_{\delta_1,\delta_2,\delta|\underline{s}}$$

表示欧氏距离为 δ 的有序成对码字的平均个数,且该有序成对码字的能量分别为

δ_1^2 和 δ_2^2。

定义 4.2 一般分组码 $C(n,M)$ 的三角形欧氏距离谱定义如下：

$$B(X,Y,Z) \triangleq \sum_{\delta_1,\delta_2,\delta} B_{\delta_1,\delta_2,\delta} X^{\delta_1^2} Y^{\delta_2^2} Z^{\delta^2}$$

式中，X,Y,Z 表示哑变量。我们称 $\{B_{\delta_1,\delta_2,\delta}\}$ 为给定码字的三角形欧氏距离谱。

我们假设码字 $\underline{s} = (s_0, s_1, \cdots, s_{n-1}) \in C(n,M)$ 在 AWGN 信道中传输。经过 AWGN 信道后，接收端接收到的向量为 $\underline{y} = \underline{s} + \underline{z}$，其中 $\underline{z}$ 表示由 n 个独立同分布的随机变量组成的向量（每个随机变量均服从均值为 0，方差为 σ^2 的高斯分布）。对于 AWGN 信道，最大似然译码等价于找到一个距离（欧氏距离）接收向量 $\underline{y}$ 最近的码字 $\hat{\underline{s}}$。当 $\hat{\underline{s}} \neq \underline{s}$ 时，我们称发生译码错误事件 E，则译码错误概率为

$$\Pr\{E\} = \sum_{\underline{s}} \Pr\{\underline{s}\} \Pr\{E \mid \underline{s}\}$$

式中，$\Pr\{E \mid \underline{s}\}$ 表示信道中传输 $\underline{s}$ 而产生的条件译码错误概率。通常情况下，我们假设每个码字 $\underline{s}$ 是以等概率进行传输的，即 $\Pr\{\underline{s}\} = 1/M$。在这个假设下，码率（code rate）等于 $\dfrac{\log M}{n}$，信噪比等于 $\dfrac{\sum_{\underline{s}} \|\underline{s}\|^2}{nM\sigma^2}$。

一般分组码 $C(n,M)$ 的最大似然译码错误概率的传统 UB 为

$$\Pr\{E\} = \sum_{\underline{s}} \Pr\{\underline{s}\} \Pr\{E \mid \underline{s}\}$$

$$\leqslant \sum_{\underline{s}} \Pr\{\underline{s}\} \sum_{\delta} A_{\delta \mid \underline{s}} Q\left(\frac{\delta}{2\sigma}\right)$$

$$= \sum_{\delta} \sum_{\underline{s}} \Pr\{\underline{s}\} A_{\delta \mid \underline{s}} Q\left(\frac{\delta}{2\sigma}\right)$$

$$= \sum_{\delta} A_{\delta} Q\left(\frac{\delta}{2\sigma}\right) \tag{4.1}$$

式中，$Q\left(\dfrac{\delta}{2\sigma}\right)$ 表示成对错误概率，$Q(x) \triangleq \int_x^{+\infty} \dfrac{1}{\sqrt{2\pi}} e^{-\frac{z^2}{2}} dz$ 表示 Q 函数。

二进制线性分组码是一般分组码 $C(n,M)$ 的一种，其维度是 $k = \log_2 M$，码长是 n，记为 $C[n,k]$，假设其最小汉明距离为 $d_{\min}$。考虑 BPSK 调制，对于二进制线性分组码 $C[n,k]$ 的每一个码字 $\underline{c}$，经过 BPSK 调制后得到双极性信号向量 $\underline{s}$，满足 $s_t = 1 - 2c_t$，$0 \leqslant t \leqslant n-1$。不失一般性，我们假设码 $C[n,k]$ 至少有 3 个非零码字，即满足 $k > 1$，且发送码字为全零码字 $\underline{c}^{(0)}$（对应调制后的信号向量 $\underline{s}^{(0)}$）。令 $\hat{\underline{c}}$（对应调制后的信号向量 $\hat{\underline{s}}$）为一个汉明重量等于 d 的码字，则信号向量 $\underline{s}^{(0)}$

和 $\underline{\hat{s}}$ 间的欧氏距离为 $\delta = 2\sqrt{d}$ 。我们定义

$$A_d \triangleq A_{\delta|\underline{s}^{(0)}} \tag{4.2}$$

表示汉明重量为 d 的码字的个数。对于二进制线性分组码，它的星座图是几何均匀的，并且可以假设每个码字的发送概率都是相等的，因此我们得到

$$\begin{aligned}
\Pr\{E\} &= \sum_{\underline{s}} \Pr\{\underline{s}\}\Pr\{E \mid \underline{s}\} \\
&= \Pr\{E \mid \underline{s}^{(0)}\} \\
&\leqslant \sum_d A_d Q\left(\frac{\sqrt{d}}{\sigma}\right)
\end{aligned} \tag{4.3}$$

这是线性分组码的 UB，其中 $\{A_d\}$ 是码 C 的重量谱分布。

　　最大似然译码性能界一直是编码领域的重要技术，是有效估计码字性能的手段。如何推导简单而紧致的界是一个很重要的研究方向，因此，正如第 1 章所介绍的，许多文章都提出了著名的界，并广泛应用到各种码字的最大似然译码性能分析中。然而，这些界大部分都是针对基于 BPSK 调制的线性分组码。基于 BPSK 调制的线性分组码有两种性质：几何均匀性和等能量性，上述的界都是基于这两种性质推导出来的。几何均匀性，是指所有码字在欧氏空间中的几何分布是对称均匀的，根据最大似然准则，发送任意码字导致的错误概率都会相等，由此可以简单地假设信道中传输的是全零码字。等能量性，是指所有码字在欧氏空间中的能量都是相等的，该性质是推导 TB 和 TSB 的关键前提。本章提及的线性分组码都特指基于 BPSK 调制的码字。

　　然而，对于一些复杂的通信系统（非线性），如高阶调制信道、网格编码调制（trellis-coded modulation，TCM）信道[57]和码间干扰（intersymbol interference，ISI）信道[58]等，这些系统实际上相当于广义上的分组码，不具备几何均匀性和等能量性的性质，因此，原有针对基于 BPSK 调制的线性分组码提出来的 Gallager 界（如 SB、TB、TSB 等）不再适用。广义上的分组码不一定具备几何均匀性和等能量性的性质，我们将这种分组码称为一般分组码。现有文献针对特定一般分组码的性能界有所研究，如 TCM 信道[57]、ISI 信道[58]等，但都只是推导了简单的 UB，并没有考虑上界紧致性问题，且由于不具备几何均匀性和等能量性的性质，传统的 Gallager 界也不再适用。现有研究也没有提及如何简单有效地将 GFBT 推广应用到一般分组码上。因此，本章将提出一般分组码的最大似然译码错误概率上界技术，该技术同时适用于线性分组码。我们已针对线性分组码介绍了嵌套的参数化 Gallager 区域概念，并提出了线性分组码的参数化 GFBT，在本章中，我们将同时提出一般分组码的参数化 GFBT，继而有效地将 Gallager 界推广到一般分组码的最大似然译码性能分析中，这是本章主要研究的内容之一。

4.2　一般分组码的参数化 GFBT

本节我们将介绍一般分组码的参数化 GFBT 的推导过程，以及利用参数化 GFBT 的基本框架推导上界。

4.2.1　参数化 GFBT

基于 3.1.2 节定义的 Gallager 区域 $\{R(r), r \in I \subseteq \mathbb{R}\}$，假设 $\Pr\{E \mid \underline{y} \in \partial R(r), \underline{s}\}$ 有一个可计算的上界 $f_{\mathrm{u}}(r \mid \underline{s})$，其中，$\underline{s}$ 表示发送码字。我们将得到如下一般分组码的参数化 GFBT。

命题 4.1　对于任意的 $r^* \in \mathbb{R}$，有

$$\Pr\{E \mid \underline{s}\} \leqslant \int_{-\infty}^{r^*} f_{\mathrm{u}}(r \mid \underline{s}) g(r) \mathrm{d}r + \int_{r^*}^{+\infty} g(r) \mathrm{d}r \tag{4.4}$$

证明

$$
\begin{aligned}
\Pr\{E \mid \underline{s}\} &= \Pr\{E, \underline{y} \in R(r^*) \mid \underline{s}\} + \Pr\{E, \underline{y} \notin R(r^*) \mid \underline{s}\} \\
&\leqslant \Pr\{E, \underline{y} \in R(r^*) \mid \underline{s}\} + \Pr\{\underline{y} \notin R(r^*) \mid \underline{s}\} \\
&\leqslant \int_{-\infty}^{r^*} f_{\mathrm{u}}(r \mid \underline{s}) g(r) \mathrm{d}r + \int_{r^*}^{+\infty} g(r) \mathrm{d}r
\end{aligned}
$$

式中，r^* 表示待优化的参数。那么如何选择参数 r^*，才能使上界式（4.4）尽可能紧致呢？一般的方法就是对式（4.4）中的 r^* 进行求导，并令求导公式等于零，最后解关于 r^* 的一元方程得到最优参数值。本章将对该最优参数值进行深入分析，提出另一种得到最优参数值的有效方法。

在提出关于最优参数值的充要条件之前，需要注意的是，可计算的上界 $f_{\mathrm{u}}(r \mid \underline{s})$ 可能会超过 1，因此我们需要假设 $f_{\mathrm{u}}(r \mid \underline{s})$ 是非平凡的，即存在一些 r，使得 $f_{\mathrm{u}}(r \mid \underline{s}) \leqslant 1$。例如，$f_{\mathrm{u}}(r \mid \underline{s})$ 可以是 $\{\underline{y} \in \partial R(r), \underline{s}\}$ 条件下求得的 UB。

定理 4.1　假设 $f_{\mathrm{u}}(r \mid \underline{s})$ 是关于 r 的非递减连续函数，r_1 是使上界式（4.4）达到最小的参数。对于所有的 $r \in I$，如果 $f_{\mathrm{u}}(r \mid \underline{s}) < 1$，则 $r_1 = \sup\{r \in I\}$；否则，r_1 可以取任意满足方程 $f_{\mathrm{u}}(r \mid \underline{s}) = 1$ 的值。另外，如果 $f_{\mathrm{u}}(r \mid \underline{s})$ 在区间 $[r_{\min}, r_{\max}]$ 上是严格递增的，且满足 $f_{\mathrm{u}}(r_{\min} \mid \underline{s}) < 1$ 和 $f_{\mathrm{u}}(r_{\max} \mid \underline{s}) > 1$，则一定存在唯一的参数 r_1，使得 $f_{\mathrm{u}}(r_1 \mid \underline{s}) = 1$ 成立。

证明　对于定理第二部分的结论，由于 $f_{\mathrm{u}}(r \mid \underline{s})$ 是严格递增的连续函数，因此很容易证明方程 $f_{\mathrm{u}}(r \mid \underline{s}) = 1$ 在区间 $[r_{\min}, r_{\max}]$ 上存在唯一的解 r_1。

对于定理第一部分的结论，只需证明无论是 $r_0 < \sup\{r \in I\}$ 使得 $f_{\mathrm{u}}(r_0 \mid \underline{s}) < 1$，

还是 r_2 使得 $f_u(r_2\,|\,\underline{s})>1$，都不可能是最优参数值即可。

假设存在参数 $r_0<\sup\{r\in I\}$，使得 $f_u(r_0\,|\,\underline{s})<1$。由于 $f_u(r\,|\,\underline{s})$ 是连续的，且 $r_0<\sup\{r\in I\}$，因此我们可以找到一个参数 r'，满足 $r'>r_0(r'\in I)$，使得 $f_u(r'\,|\,\underline{s})<1$，从而得到

$$
\int_{-\infty}^{r_0}f_u(r\,|\,\underline{s})g(r)\mathrm{d}r+\int_{r_0}^{+\infty}g(r)\mathrm{d}r
$$

$$
=\int_{-\infty}^{r_0}f_u(r\,|\,\underline{s})g(r)\mathrm{d}r+\int_{r_0}^{r'}g(r)\mathrm{d}r+\int_{r'}^{+\infty}g(r)\mathrm{d}r
$$

$$
>\int_{-\infty}^{r_0}f_u(r\,|\,\underline{s})g(r)\mathrm{d}r+\int_{r_0}^{r'}f_u(r\,|\,\underline{s})g(r)\mathrm{d}r+\int_{r'}^{+\infty}g(r)\mathrm{d}r
$$

$$
=\int_{-\infty}^{r'}f_u(r\,|\,\underline{s})g(r)\mathrm{d}r+\int_{r'}^{+\infty}g(r)\mathrm{d}r
$$

上式中，我们使用了如下结论，即当 $r\in[r_0,r']$ 时，$f_u(r)<1$。由此可以看出，参数 r' 优于 r_0。

假设存在参数 r_2，使得 $f_u(r_2\,|\,\underline{s})>1$。由于 $f_u(r\,|\,\underline{s})$ 是连续且非平凡的函数，因此我们可以找到一个参数 r_1，满足 $r_1<r_2$，使得 $f_u(r_1\,|\,\underline{s})=1$，从而得到

$$
\int_{-\infty}^{r_2}f_u(r\,|\,\underline{s})g(r)\mathrm{d}r+\int_{r_2}^{+\infty}g(r)\mathrm{d}r
$$

$$
=\int_{-\infty}^{r_1}f_u(r\,|\,\underline{s})g(r)\mathrm{d}r+\int_{r_1}^{r_2}f_u(r\,|\,\underline{s})g(r)\mathrm{d}r+\int_{r_2}^{+\infty}g(r)\mathrm{d}r
$$

$$
>\int_{-\infty}^{r_1}f_u(r\,|\,\underline{s})g(r)\mathrm{d}r+\int_{r_1}^{r_2}g(r)\mathrm{d}r+\int_{r_2}^{+\infty}g(r)\mathrm{d}r
$$

$$
=\int_{-\infty}^{r_1}f_u(r\,|\,\underline{s})g(r)\mathrm{d}r+\int_{r_1}^{+\infty}g(r)\mathrm{d}r
$$

上式中，我们使用了如下条件，即当 $r\in(r_1,r_2]$ 时，$f_u(r\,|\,\underline{s})>1$，这是因为 r_1 是满足方程 $f_u(r\,|\,\underline{s})=1$ 的参数 r 的最大值。由此可以看出，参数 r_1 优于 r_2。

推论 4.1　假设 $f_u(r\,|\,\underline{s})$ 是关于 r 的非递减连续函数。如果 $f_u(r\,|\,\underline{s})$ 与信噪比无关，则使得上界式（4.4）达到最小的最优参数值 r_1 也与信噪比无关。

证明　由定理 4.1 可以推出。

定理 4.1 要求 $f_u(r\,|\,\underline{s})$ 是关于 r 的非递减连续函数，这对于许多现存的著名上界都是满足的。为了不受限于上述条件，我们提出了以下更加通用的定理。

定理 4.2　对于任意的有效子集 $A\subset I$，有

$$
\Pr\{E\,|\,\underline{s}\}\leqslant\int_{r\in A}f_u(r\,|\,\underline{s})g(r)\mathrm{d}r+\int_{r\notin A}g(r)\mathrm{d}r \tag{4.5}
$$

该形式下最紧致的上界为

$$
\Pr\{E\,|\,\underline{s}\}\leqslant\int_{r\in I_0}f_u(r\,|\,\underline{s})g(r)\mathrm{d}r+\int_{r\notin I_0}g(r)\mathrm{d}r \tag{4.6}
$$

式中，$I_0=\{r\in I\,|\,f_u(r\,|\,\underline{s})<1\}$。

等价地，我们有

$$\Pr\{E \mid \underline{s}\} \leqslant \int_{r \in I} \min\{f_u(r \mid \underline{s}), 1\} g(r)\mathrm{d}r \tag{4.7}$$

证明 令 $G = \bigcup_{r \in A} \partial R(r)$，则有

$$\Pr\{E \mid \underline{s}\} \leqslant \Pr\{E, \underline{y} \in G \mid \underline{s}\} + \Pr\{\underline{y} \notin G \mid \underline{s}\}$$

$$\leqslant \int_{r \in A} f_u(r \mid \underline{s}) g(r)\mathrm{d}r + \int_{r \notin A} g(r)\mathrm{d}r$$

定义

$$A_0 = \{r \in A \mid f_u(r \mid \underline{s}) < 1\}$$

和

$$A_1 = \{r \in A \mid f_u(r \mid \underline{s}) \geqslant 1\}$$

同样地，定义

$$B_0 = \{r \notin A \mid f_u(r \mid \underline{s}) < 1\}$$

和

$$B_1 = \{r \notin A \mid f_u(r \mid \underline{s}) \geqslant 1\}$$

由于

$$\int_{r \in A} f_u(r \mid \underline{s}) g(r)\mathrm{d}r \geqslant \int_{r \in A_0} f_u(r \mid \underline{s}) g(r)\mathrm{d}r + \int_{r \in A_1} g(r)\mathrm{d}r$$

$$\int_{r \notin A} g(r)\mathrm{d}r \geqslant \int_{r \in B_0} f_u(r \mid \underline{s}) g(r)\mathrm{d}r + \int_{r \in B_1} g(r)\mathrm{d}r$$

因此，

$$\int_{r \in A} f_u(r \mid \underline{s}) g(r)\mathrm{d}r + \int_{r \notin A} g(r)\mathrm{d}r$$

$$\geqslant \int_{r \in A_0 \cup B_0} f_u(r \mid \underline{s}) g(r)\mathrm{d}r + \int_{r \in A_1 \cup B_1} g(r)\mathrm{d}r$$

$$= \int_{r \in I_0} f_u(r \mid \underline{s}) g(r)\mathrm{d}r + \int_{r \notin I_0} g(r)\mathrm{d}r$$

$$= \int_{r \in I} \min\{f_u(r \mid \underline{s}), 1\} g(r)\mathrm{d}r$$

4.2.2 条件成对错误概率

令 δ 表示发送码字 $\underline{s}$ 和另一码字 $\hat{\underline{s}}$ 间的欧氏距离。假设 $p_2(r, \delta)$ 表示在事件 $\{\underline{y} \in \partial R(r)\}$ 发生的条件下的成对错误概率，则

$$p_2(r, \delta) = \Pr\left\{\|\underline{y} - \hat{\underline{s}}\| \leqslant \|\underline{y} - \underline{s}\| \mid \underline{y} \in \partial R(r)\right\}$$

$$= \frac{\int_{\|y - \hat{s}\| \leqslant \|y - s\|, y \in \partial R(r)} f(\underline{y})\mathrm{d}\underline{y}}{\int_{y \in \partial R(r)} f(\underline{y})\mathrm{d}\underline{y}} \tag{4.8}$$

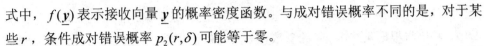

式中，$f(\underline{y})$ 表示接收向量 $\underline{y}$ 的概率密度函数。与成对错误概率不同的是，对于某些 r，条件成对错误概率 $p_2(r,\delta)$ 可能等于零。

引理 4.1　在 $\underline{y} \in \partial R(r)$ 条件下，如果接收向量 $\underline{y}$ 在 $\partial R(r)$ 上是均匀分布的，则条件成对错误概率 $p_2(r,\delta)$ 与信噪比无关。

证明　当 $\underline{y} \in \partial R(r)$ 时，$f(\underline{y})$ 是一个常量，因此式（4.8）中分子和分母同时消去 $f(\underline{y})$，得到

$$p_2(r,\delta) = \frac{\displaystyle\int_{\|\underline{y}-\hat{\underline{s}}\| \leqslant \|\underline{y}-\underline{s}\|, \underline{y} \in \partial R(r)} \mathrm{d}\underline{y}}{\displaystyle\int_{\underline{y} \in \partial R(r)} \mathrm{d}\underline{y}} \tag{4.9}$$

式（4.9）表明，由两个表面的面积比值得到的条件错误概率 $p_2(r,\delta)$ 与信噪比无关。

定理 4.3　令 $f_{\mathrm{u}}(r\,|\,\underline{s})$ 为一个条件 UB，即

$$f_{\mathrm{u}}(r\,|\,\underline{s}) = \sum_{\delta} A_{\delta|\underline{s}} \, p_2(r,\delta) \tag{4.10}$$

式中，$A_{\delta|\underline{s}}$ 表示给出的联合界的形式。假设在 $\underline{y} \in \partial R(r)$ 条件下，接受向量 $\underline{y}$ 均匀分布在 $\partial R(r)$ 上。如果 $f_{\mathrm{u}}(r\,|\,\underline{s})$ 是关于 r 的非递减连续函数，则使得上界式（4.4）最小（紧致）的最优参数值 r_1 与信噪比无关，只依赖于码字的距离谱。

证明　由引理 4.1 可知，条件成对错误概率 $p_2(r,\delta)$ 与信噪比无关，因此，$f_{\mathrm{u}}(r\,|\,\underline{s})$ 与信噪比无关。由推论 4.1 可知，r_1 与信噪比无关。

一般情况下，即使 $f_{\mathrm{u}}(r\,|\,\underline{s})$ 关于 r 的函数不满足非递减连续的条件，定理 4.2 中定义的最优区域 I_0 同样是与信噪比无关的。

4.2.3　参数化 GFBT 的通用框架

由 4.2.2 节我们可以看出，根据参数化 GFBT 推导上界主要有如下 3 个步骤：

（1）选择适当的参数化嵌套区域。

（2）求出区域参数的概率密度函数。

（3）求出当接收向量落在参数区域边界时的条件译码错误概率的可计算上界。

其中，第（3）步的关键在于找出码字在区域边界上的投影。这里的投影是指线段 $\overline{\underline{s}\,\hat{\underline{s}}}$（$\underline{s}$ 和 $\hat{\underline{s}}$ 分别是发送码字和译码码字）的垂直平分线和区域边界的交点。

4.3　基于单参数化 GFBT 的一般分组码的上界

对于一般分组码而言，几何均匀性不一定满足，因此，我们不能假设一个特

定的发送码字来研究错误概率，而是必须求所有的条件错误概率的平均值。在本节中，我们将根据 4.2 节介绍的参数化 GFBT 的通用框架，推导出 $\Pr\{E\,|\,\underline{s}\}$（假定信道中传输码字 $\underline{s}$）的条件错误概率上界，从而根据式（4.5）得到错误概率 $\Pr\{E\,|\,\underline{s}\}$ 的上界。

4.3.1 一般分组码的参数化 SB

1）嵌套区域

参数化 SB 选择的嵌套区域是以发送码字 $\underline{s}$ 为球心，$r \geq 0$ 为半径的一系列 n 维球，即 $R(r) = \{\underline{y}\,\|\,\|\underline{y}-\underline{s}\| \leq r\}$，其中，$r$ 表示该嵌套区域的参数，参考图 4-1。

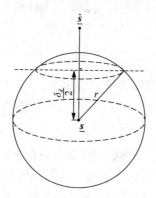

图 4-1　一般分组码 SB 的几何图示

2）参数的概率密度函数

参数 r 的概率密度函数为

$$g(r) = \frac{2r^{n-1}\mathrm{e}^{-\frac{r^2}{2\sigma^2}}}{2^{\frac{n}{2}}\sigma^n\Gamma\left(\frac{n}{2}\right)}, \quad r \geq 0 \tag{4.11}$$

3）条件上界

参数化 SB 选择 $f_{\mathrm{u}}(r\,|\,\underline{s})$ 为在信道中传输码字 $\underline{s}$ 时译码错误概率的条件 UB。给定 $\|\underline{y}-\underline{s}\| = r$，可知接收向量 $\underline{y}$ 在 $\partial R(r)$ 表面上是均匀分布的，因此条件成对错误概率 $p_2(r,\delta)$ 与信噪比无关，且可以通过高维球冠及相应的高维球的表面积的比值求得，即

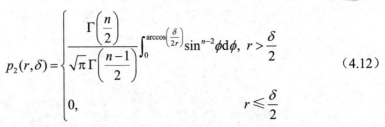

$$p_2(r,\delta)=\begin{cases}\dfrac{\Gamma\left(\dfrac{n}{2}\right)}{\sqrt{\pi}\,\Gamma\left(\dfrac{n-1}{2}\right)}\displaystyle\int_0^{\arccos\left(\frac{\delta}{2r}\right)}\sin^{n-2}\phi\,\mathrm{d}\phi,\ r>\dfrac{\delta}{2}\\[20pt]0,\qquad\qquad\qquad\qquad\qquad\qquad\quad r\leqslant\dfrac{\delta}{2}\end{cases}\tag{4.12}$$

因此，得到如下条件 UB：

$$f_{\mathrm{u}}(r\mid\underline{s})=\sum_{\delta}A_{\delta\mid\underline{s}}\,p_2(r,\delta)\tag{4.13}$$

4）参数化 SB

由式（4.7），我们得到

$$\Pr\{E\mid\underline{s}\}\leqslant\int_0^{+\infty}\min\{f_{\mathrm{u}}(r\mid\underline{s}),1\}g(r)\mathrm{d}r\tag{4.14}$$

定义

$$\begin{aligned}f_{\mathrm{u}}(r)&\triangleq\sum_{\underline{s}}\Pr\{\underline{s}\}f_{\mathrm{u}}(r\mid\underline{s})\\&=\sum_{\underline{s}}\Pr\{\underline{s}\}\sum_{\delta}A_{\delta\mid\underline{s}}\,p_2(r,\delta)\\&=\sum_{\delta}\sum_{\underline{s}}\Pr\{\underline{s}\}A_{\delta\mid\underline{s}}\,p_2(r,\delta)\\&=\sum_{\delta}A_{\delta}\,p_2(r,\delta)\end{aligned}\tag{4.15}$$

因此，我们可以得到一般分组码的参数化 SB，即

$$\begin{aligned}\Pr\{E\}&=\sum_{\underline{s}}\Pr\{\underline{s}\}\Pr\{E\mid\underline{s}\}\\&\leqslant\sum_{\underline{s}}\Pr\{\underline{s}\}\int_0^{+\infty}\min\{f_{\mathrm{u}}(r\mid\underline{s}),1\}g(r)\mathrm{d}r\\&\leqslant\int_0^{+\infty}\min\left\{\sum_{\underline{s}}\Pr\{\underline{s}\}f_{\mathrm{u}}(r\mid\underline{s}),1\right\}g(r)\mathrm{d}r\\&=\int_0^{+\infty}\min\{f_{\mathrm{u}}(r),1\}g(r)\mathrm{d}r\end{aligned}\tag{4.16}$$

该界是由欧氏距离谱 $\{A_{\delta}\}$ 决定的。

5）退化于二进制线性分组码

对于二进制线性分组码，发送码字 $\underline{s}$ 可以假设为全零码字 $\underline{s}^{(0)}$。一个汉明重量为 d 的码字 $\hat{\underline{s}}$ 和全零码字 $\underline{s}^{(0)}$ 间的欧氏距离为 $\delta=2\sqrt{d}$。因此，参考图 4-2，由式（4.12）和式（4.13），条件 UB $f_{\mathrm{u}}(r\mid\underline{s}^{(0)})$ 可以写成

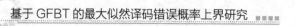
$$f_u(r \mid \underline{s}^{(0)}) = \sum_{\delta} A_{\delta \mid \underline{s}^{(0)}} p_2(r, \delta) = \sum_{1 \leqslant d \leqslant n} A_d p_2(r, d) \qquad (4.17)$$

式中，

$$p_2(r, d) = \begin{cases} \dfrac{\Gamma\left(\dfrac{n}{2}\right)}{\sqrt{\pi}\,\Gamma\left(\dfrac{n-1}{2}\right)} \displaystyle\int_0^{\arccos\left(\frac{\sqrt{d}}{r}\right)} \sin^{n-2}\phi \,\mathrm{d}\phi, & r > \sqrt{d} \\[4mm] 0, & 0 \leqslant r \leqslant \sqrt{d} \end{cases} \qquad (4.18)$$

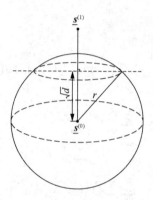

图 4-2　线性分组码 SB 的几何图示

式（4.18）是关于 r 的非递减连续函数，且有 $p_2(0, d) = 0$ 和 $p_2(+\infty, d) = 1/2$，因此，

$$\begin{aligned} f_u(r) &= \sum_{\underline{s}} \Pr\{\underline{s}\} f_u(r \mid \underline{s}) \\ &= f_u(r \mid \underline{s}^{(0)}) = \sum_{1 \leqslant d \leqslant n} A_d p_2(r, d) \end{aligned} \qquad (4.19)$$

式（4.19）同样是一个关于 r 的非递减连续函数，且有 $f_u(0) = 0$ 和 $f_u(+\infty) \geqslant 3/2$。另外，$f_u(r)$ 在区间 $[\sqrt{d_{\min}}, +\infty)$ 内是严格递增的，其中，$f_u(\sqrt{d_{\min}}) = 0$。因此，一定存在唯一的 r_1，满足

$$\sum_{1 \leqslant d \leqslant n} A_d p_2(r, d) = 1 \qquad (4.20)$$

式（4.20）与 2.2.3 节中的式（2.15）是等效的（注：对于 $d > r^2$，$p_2(r, d) = 0$）。

综上，可以得到如下二进制线性分组码的参数化 SB：

$$\begin{aligned} \Pr\{E\} &\leqslant \int_0^{r_1} f_u(r) g(r) \mathrm{d}r + \int_{r_1}^{+\infty} g(r) \mathrm{d}r \\ &= \int_0^{+\infty} \min\{f_u(r), 1\} g(r) \mathrm{d}r \end{aligned} \qquad (4.21)$$

式中，$g(r)$ 和 $f_u(r)$ 分别由式（4.11）和式（4.19）给定。最优参数值 r_1 可以通过解方程式（4.20）得到，注意 r_1 是与信噪比无关的。我们可以观察到，上界式（4.21）和 Kasami 等[30]提出的 SB 是一致的。另外，可以证明式（4.21）与 2.2.3 节中推导的式（2.12）都是等价的。首先，最优半径 r_1 满足式（4.20），与 2.2.3 节中的式（2.15）等价；其次，通过变量替换 $z_1 = r\cos\phi$ 和 $y = r^2$，同样可以证明式（4.21）与 2.2.3 节中推导的式（2.12）等价。

4.3.2　一般分组码的参数化 TB

在二进制码的 TB 和 TSB 的推导中，等能量性是一个非常重要的前提性质。在本章余下内容中，我们将介绍参数化 GFBT 的通用框架如何帮助我们将 TB 和 TSB 推广到不具有等能量性的一般分组码上。

AWGN 信道的噪声向量 $\underline{z}$ 可以映射成径向分量 z_{ξ_1} 和 $(n-1)$ 个与其垂直的分量 $\{z_{\xi_i}, 2\leqslant i\leqslant n\}$。具体地，我们令 z_{ξ_1} 为向量 $\underline{z}$ 和 $-\underline{s}/\delta_1$ 的内积，其中 δ_1^2 是码字 $\underline{s}$ 的能量，δ_2^2 是码字 $\underline{\hat{s}}$ 的能量。当考虑成对错误概率时，我们假设 z_{ξ_2} 是由 $\underline{s}$ 和 $\underline{\hat{s}}$ 所决定的平面上的噪声分量，参考图 4-3。

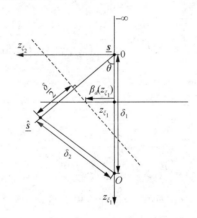

图 4-3　一般分组码 TB 和 TSB 的几何图示

1）嵌套区域

参数化 TB 选择的嵌套区域是一系列半平面 $Z_{\xi_1} \leqslant z_{\xi_1}$，其中，$z_{\xi_1} \in \mathbb{R}$ 为该嵌套区域的参数。

2）参数的概率密度函数

参数 z_{ξ_1} 的概率密度函数为

$$g(z_{\xi_1}) = \frac{1}{\sqrt{2\pi}\sigma} e^{-\frac{z_{\xi_1}^2}{2\sigma^2}} \tag{4.22}$$

3）条件上界

参数化 TB 选择 $f_u(z_{\xi_1} | \underline{s})$ 为在信道中传输码字 $\underline{s}$ 时译码错误概率的条件 UB。给定 $Z_{\xi_1} = z_{\xi_1}$，则条件成对错误概率为

$$p_2(z_{\xi_1}, \delta_1, \delta_2, \delta) = \int_{\beta_d(z_{\xi_1})}^{+\infty} \frac{1}{\sqrt{2\pi}\sigma} e^{-\frac{z_{\xi_2}^2}{2\sigma^2}} dz_{\xi_2} \tag{4.23}$$

式中，

$$\beta_d(z_{\xi_1}) = \frac{\delta - 2z_{\xi_1}\cos\theta}{2\sin\theta} \tag{4.24}$$

$$\theta = \arccos\left(\frac{\delta_1^2 + \delta_d^2 - \delta_2^2}{2\delta_1\delta}\right) \tag{4.25}$$

因此，得到如下条件 UB：

$$f_u(z_{\xi_1} | \underline{s}) = \sum_{\delta_1, \delta_2, \delta} B_{\delta_1, \delta_2, \delta | \underline{s}} p_2(z_{\xi_1}, \delta_1, \delta_2, \delta) \tag{4.26}$$

4）参数化 TB

由式（4.7），我们有

$$\Pr\{E | \underline{s}\} \leqslant \int_{-\infty}^{+\infty} \min\{f_u(z_{\xi_1} | \underline{s}), 1\} g(z_{\xi_1}) dz_{\xi_1} \tag{4.27}$$

定义

$$
\begin{aligned}
f_u(z_{\xi_1}) &\triangleq \sum_{\underline{s}} \Pr\{\underline{s}\} f_u(z_{\xi_1} | \underline{s}) \\
&= \sum_{\underline{s}} \Pr\{\underline{s}\} \sum_{\delta_1, \delta_2, \delta} B_{\delta_1, \delta_2, \delta | \underline{s}} p_2(z_{\xi_1}, \delta_1, \delta_2, \delta) \\
&= \sum_{\delta_1, \delta_2, \delta} B_{\delta_1, \delta_2, \delta} p_2(z_{\xi_1}, \delta_1, \delta_2, \delta)
\end{aligned}
\tag{4.28}
$$

因此，我们可以得到一般分组码的参数化 TB，即

$$
\begin{aligned}
\Pr\{E\} &= \sum_{\underline{s}} \Pr\{\underline{s}\} \Pr\{E | \underline{s}\} \\
&\leqslant \sum_{\underline{s}} \Pr\{\underline{s}\} \int_{-\infty}^{+\infty} \min\{f_u(z_{\xi_1} | \underline{s}), 1\} g(z_{\xi_1}) dz_{\xi_1} \\
&\leqslant \int_{-\infty}^{+\infty} \min\left\{\sum_{\underline{s}} \Pr\{\underline{s}\} f_u(z_{\xi_1} | \underline{s}), 1\right\} g(z_{\xi_1}) dz_{\xi_1} \\
&= \int_{-\infty}^{+\infty} \min\left\{f_u(z_{\xi_1}), 1\right\} g(z_{\xi_1}) dz_{\xi_1}
\end{aligned}
\tag{4.29}
$$

该界是由三角形欧氏距离谱 $\{B_{\delta_1, \delta_2, \delta}\}$ 决定的。

5）退化于二进制线性分组码

对于二进制线性分组码，发送码字 $\underline{s}$ 可以假设为全零码字 $\underline{s}^{(0)}$。一个汉明重量为 d、能量为 δ_2^2 的码字 $\hat{s}$，和具有能量为 δ_1^2 的全零码字 $\underline{s}^{(0)}$ 间的欧氏距离为 $\delta = 2\sqrt{d}$。注意到 $\delta_1 = \delta_2 = \sqrt{n}$，所以有 $B_{\delta_1,\delta_2,\delta|\underline{s}^{(0)}} = A_{\delta|\underline{s}^{(0)}}$。参考图 4-4。

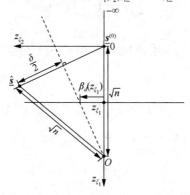

图 4-4　二进制线性分组码 TB 和 TSB 的几何图示

因此，由式（4.23）和式（4.26）可知，条件 UB $f_u(z_{\xi_1}|\underline{s}^{(0)})$ 可以写成

$$
\begin{aligned}
f_u(z_{\xi_1}|\underline{s}^{(0)}) &= \sum_{\delta_1,\delta_2,\delta} B_{\delta_1,\delta_2,\delta|\underline{s}^{(0)}} p_2(z_{\xi_1},\delta_1,\delta_2,\delta)\\
&= \sum_{\delta} A_{\delta|\underline{s}^{(0)}} p_2(z_{\xi_1},\sqrt{n},\sqrt{n},\delta)\\
&= \sum_{1\leqslant d\leqslant n} A_d p_2(z_{\xi_1},d)
\end{aligned}
\tag{4.30}
$$

式中，

$$
p_2(z_{\xi_1},d) = \int_{\beta_d(z_{\xi_1})}^{+\infty} \frac{1}{\sqrt{2\pi}\sigma} e^{-\frac{z_{\xi_2}^2}{2\sigma^2}} dz_{\xi_2}
\tag{4.31}
$$

$$
\beta_d(z_{\xi_1}) = \frac{\sqrt{d}(\sqrt{n}-z_{\xi_1})}{\sqrt{n-d}}
\tag{4.32}
$$

因为 $p_2(z_{\xi_1},d)$ 是一个关于 z_{ξ_1} 的严格递增连续函数，所以有

$$
p_2(-\infty,d) = 0 , \quad p_2(\sqrt{n},d) = 1/2
$$

因此，

$$
\begin{aligned}
f_u(z_{\xi_1}) &= \sum_{\underline{s}} \Pr\{\underline{s}\} f_u(z_{\xi_1}|\underline{s})\\
&= f_u(z_{\xi_1}|\underline{s}^{(0)})\\
&= \sum_{1\leqslant d\leqslant n} A_d p_2(z_{\xi_1},d)
\end{aligned}
\tag{4.33}
$$

同理，$f_u(z_{\xi_1})$ 也是一个关于 z_{ξ_1} 的严格递增连续函数，所以有

$$f_u(-\infty) = 0 , \quad f_u(\sqrt{n}) \geqslant 3/2$$

因此，一定存在唯一的参数 $z_{\xi_1}^* \leqslant \sqrt{n}$，满足

$$\sum_{d=1}^{n} A_d p_2(z_{\xi_1}^*, d) = 1 \tag{4.34}$$

由于 $p_2(z_{\xi_1}, d) = Q\left(\dfrac{\sqrt{d}(\sqrt{n} - z_{\xi_1})}{\sigma\sqrt{n-d}}\right)$ 和 $d = \delta^2 / 4$，因此该式与 2.2.1 节中的式（2.7）

是等价的。

综上，可以得到如下二进制线性分组码的参数化 TB：

$$\Pr\{E\} \leqslant \int_{-\infty}^{z_{\xi_1}^*} f_u(z_{\xi_1}) g(z_{\xi_1}) \mathrm{d}z_{\xi_1} + \int_{z_{\xi_1}^*}^{+\infty} g(z_{\xi_1}) \mathrm{d}z_{\xi_1}$$

$$= \int_{-\infty}^{+\infty} \min\{f_u(z_{\xi_1}), 1\} g(z_{\xi_1}) \mathrm{d}z_{\xi_1} \tag{4.35}$$

式中，$g(z_{\xi_1})$ 和 $f_u(z_{\xi_1})$ 分别由式（4.22）和式（4.33）给定。最优参数值 $z_{\xi_1}^*$ 可以通过解方程式（4.34）得到。我们可以发现，上界式（4.35）与 2.2.1 节中的式（2.6）是等价的。

4.3.3　一般分组码的参数化 TSB

假设 $n \geqslant 3$。

1）嵌套区域

参数化 TSB 选择的嵌套区域是一系列半平面 $Z_{\xi_1} \leqslant z_{\xi_1}$，其中，$z_{\xi_1} \in \mathbb{R}$ 为该嵌套区域的参数。

2）参数的概率密度函数

参数 z_{ξ_1} 的概率密度函数为

$$g(z_{\xi_1}) = \frac{1}{\sqrt{2\pi}\sigma} \mathrm{e}^{-\frac{z_{\xi_1}^2}{2\sigma^2}} \tag{4.36}$$

3）条件上界

与 TB 不同，TSB 选择 $f_u(z_{\xi_1} | \underline{s})$ 为在信道中传输码字 $\underline{s}$ 时译码错误概率的条件 SB。给定 $Z_{\xi_1} = z_{\xi_1}$，条件 SB 的推导如下。

令 $R(r)$ 为半径等于 $r > 0$ 的 $(n-1)$ 维球体，其球心为 $(1 - z_{\xi_1} / \delta_1)\underline{s}$，且落在高维平面 $Z_{\xi_1} = z_{\xi_1}$ 上，参考图 4-3。

给定接收向量 $\underline{s}$，当 $\underline{s}$ 落在高维平面 $Z_{\xi_1} = z_{\xi_1}$ 中的 $(n-1)$ 维球面 $\partial R(r)$ 上时，

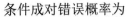

条件成对错误概率为

$$
p_2(z_{\xi_1},r,\delta_1,\delta_2,\delta) = \begin{cases} \dfrac{\Gamma\left(\dfrac{n-1}{2}\right)}{\sqrt{\pi}\,\Gamma\left(\dfrac{n-2}{2}\right)} \displaystyle\int_0^{\arccos\left[\frac{\beta_d(z_{\xi_1})}{r}\right]} \sin^{n-3}\phi\,\mathrm{d}\phi, & r \geqslant \beta_d(z_{\xi_1}), \beta_d(z_{\xi_1}) > 0 \\[4mm] 0, & r < \beta_d(z_{\xi_1}), \beta_d(z_{\xi_1}) > 0 \\[4mm] 1 - \dfrac{\Gamma\left(\dfrac{n-1}{2}\right)}{\sqrt{\pi}\,\Gamma\left(\dfrac{n-2}{2}\right)} \displaystyle\int_0^{\arccos\left[\frac{|\beta_d(z_{\xi_1})|}{r}\right]} \sin^{n-3}\phi\,\mathrm{d}\phi, & r \geqslant |\beta_d(z_{\xi_1})|, \beta_d(z_{\xi_1}) \leqslant 0 \\[4mm] 1, & r < |\beta_d(z_{\xi_1})|, \beta_d(z_{\xi_1}) \leqslant 0 \end{cases}
$$

(4.37)

式中,

$$
\beta_d(z_{\xi_1}) = \frac{\delta - 2z_{\xi_1}\cos\theta}{2\sin\theta} \tag{4.38}
$$

$$
\theta = \arccos\left(\frac{\delta_1^2 + \delta_d^2 - \delta_2^2}{2\delta_1\delta}\right) \tag{4.39}
$$

由式 (4.14),得到如下条件 SB:

$$
f_u(z_{\xi_1}\,|\,\underline{s}) = \int_0^{+\infty} \min\left\{f_s(z_{\xi_1},r\,|\,\underline{s}),1\right\} g_s(r)\mathrm{d}r \tag{4.40}
$$

式中,

$$
g_s(r) = \frac{2r^{n-2}\mathrm{e}^{-\frac{r^2}{2\sigma^2}}}{2^{\frac{n-1}{2}}\sigma^{n-1}\Gamma\left(\dfrac{n-1}{2}\right)}, \quad r \geqslant 0 \tag{4.41}
$$

$$
f_s(z_{\xi_1},r\,|\,\underline{s}) = \sum_{\delta_1,\delta_2,\delta} B_{\delta_1,\delta_2,\delta|\underline{s}}\, p_2(z_{\xi_1},r,\delta_1,\delta_2,\delta) \tag{4.42}
$$

4) 参数化 TSB

由式 (4.7),我们有

$$
\begin{aligned}
\Pr\{E\,|\,\underline{s}\} &\leqslant \int_{-\infty}^{+\infty} \min\{f_u(z_{\xi_1}\,|\,\underline{s}),1\} g(z_{\xi_1})\mathrm{d}z_{\xi_1} \\
&\leqslant \int_{-\infty}^{+\infty} \min\left\{\int_0^{+\infty} \min\{f_s(z_{\xi_1},r\,|\,\underline{s}),1\} g_s(r)\mathrm{d}r, 1\right\} g(z_{\xi_1})\mathrm{d}z_{\xi_1}
\end{aligned} \tag{4.43}
$$

定义

$$
f_s(z_{\xi_1},r) \triangleq \sum_{\underline{s}} \Pr\{\underline{s}\} f_s(z_{\xi_1},r\,|\,\underline{s})
$$

$$= \sum_{\underline{s}} \Pr\{\underline{s}\} \sum_{\delta_1,\delta_2,\delta} B_{\delta_1,\delta_2,\delta|\underline{s}} \, p_2(z_{\xi_1},r,\delta_1,\delta_2,\delta)$$

$$= \sum_{\delta_1,\delta_2,\delta} B_{\delta_1,\delta_2,\delta} \, p_2(z_{\xi_1},r,\delta_1,\delta_2,\delta) \tag{4.44}$$

因此，我们可以得到一般分组码的参数化 TSB，即

$$\Pr\{E\} = \sum_{\underline{s}} \Pr\{\underline{s}\}\Pr\{E \mid \underline{s}\}$$

$$\leqslant \sum_{\underline{s}} \Pr\{\underline{s}\} \int_{-\infty}^{+\infty} \min\left\{ \int_0^{+\infty} \min\left\{ f_s(z_{\xi_1},r \mid \underline{s}),1 \right\} g_s(r) dr,1 \right\} g(z_{\xi_1}) dz_{\xi_1}$$

$$\leqslant \int_{-\infty}^{+\infty} \min\left\{ \int_0^{+\infty} \min\left\{ \sum_{\underline{s}} \Pr\{\underline{s}\} f_s(z_{\xi_1},r \mid \underline{s}),1 \right\} g_s(r) dr,1 \right\} g(z_{\xi_1}) dz_{\xi_1}$$

$$= \int_{-\infty}^{+\infty} \min\left\{ \int_0^{+\infty} \min\left\{ f_s(z_{\xi_1},r),1 \right\} g_s(r) dr,1 \right\} g(z_{\xi_1}) dz_{\xi_1} \tag{4.45}$$

该界是由三角形欧氏距离谱 $\{B_{\delta_1,\delta_2,\delta}\}$ 决定的。

5）退化于二进制线性分组码

由式（4.40），条件 SB $f_u(z_{\xi_1} \mid \underline{s}^{(0)})$ 可以写成

$$f_u(z_{\xi_1} \mid \underline{s}^{(0)}) = \int_0^{+\infty} \min\left\{ f_s(z_{\xi_1},r \mid \underline{s}^{(0)}),1 \right\} g_s(r) dr \tag{4.46}$$

由式（4.37）和式（4.42），我们有

$$f_s(z_{\xi_1},r \mid \underline{s}^{(0)}) = \sum_{\delta_1,\delta_2,\delta} B_{\delta_1,\delta_2,\delta|\underline{s}^{(0)}} \, p_2(z_{\xi_1},r,\delta_1,\delta_2,\delta)$$

$$= \sum_{\delta} A_{\delta|\underline{s}^{(0)}} \, p_2(z_{\xi_1},r,\sqrt{n},\sqrt{n},\delta)$$

$$= \sum_{1 \leqslant d \leqslant n} A_d \, p_2(z_{\xi_1},r,d) \tag{4.47}$$

式中，

$$p_2(z_{\xi_1},r,d) = \begin{cases} \dfrac{\Gamma\left(\dfrac{n-1}{2}\right)}{\sqrt{\pi}\,\Gamma\left(\dfrac{n-2}{2}\right)} \displaystyle\int_0^{\arccos\left[\frac{\beta_d(z_{\xi_1})}{r}\right]} \sin^{n-3}\phi \, d\phi, & r \geqslant \beta_d(z_{\xi_1}), z_{\xi_1} < \sqrt{n} \\[3mm] 0, & r < \beta_d(z_{\xi_1}), z_{\xi_1} < \sqrt{n} \\[3mm] 1 - \dfrac{\Gamma\left(\dfrac{n-1}{2}\right)}{\sqrt{\pi}\,\Gamma\left(\dfrac{n-2}{2}\right)} \displaystyle\int_0^{\arccos\left[\frac{|\beta_d(z_{\xi_1})|}{r}\right]} \sin^{n-3}\phi \, d\phi, & r \geqslant |\beta_d(z_{\xi_1})|, z_{\xi_1} \geqslant \sqrt{n} \\[3mm] 1, & r < |\beta_d(z_{\xi_1})|, z_{\xi_1} \geqslant \sqrt{n} \end{cases}$$

$$\tag{4.48}$$

$$\beta_d(z_{\xi_1}) = \frac{\sqrt{d}\,(\sqrt{n} - z_{\xi_1})}{\sqrt{n-d}} \qquad (4.49)$$

那么

$$f_u(z_{\xi_1}) = \sum_{\underline{s}} \Pr\{\underline{s}\} f_u(z_{\xi_1} \mid \underline{s}) = f_u(z_{\xi_1} \mid \underline{s}^{(0)}) \qquad (4.50)$$

（1）给定 $Z_{\xi_1} = z_{\xi_1} \geqslant \sqrt{n}$，容易看出，当接收向量 $\underline{y}$ 落在 $\partial R(r)$ 上时，成对错误概率不小于 1/2，因此条件 UB 不小于 3/2。由于最优半径 $r_1(z_{\xi_1}) = 0$，从而导致一个平凡的上界 $f_u(z_{\xi_1}) \equiv 1$。

（2）给定 $Z_{\xi_1} = z_{\xi_1} < \sqrt{n}$，其最大似然错误概率可以通过一个等价系统进行估计，即每个二极信号码字在传输到 AWGN 信道前，要乘以一个系数 $(\sqrt{n} - z_{\xi_1})/\sqrt{n}$ 进行缩放，相应的信道（投影）噪声为 $(0, Z_{\xi_2}, \cdots, Z_{\xi_n})$。该系统同样可以等效为，AWGN 信道中传输原始的信号码字，但其信道（投影）噪声变为 $\sqrt{n}/(\sqrt{n} - z_{\xi_1})(0, Z_{\xi_2}, \cdots, Z_{\xi_n})$。第二个等价系统可以让我们很容易推导条件 SB，因为其最优半径与信噪比无关。由式（4.48），给定接收向量 $\underline{s}$，当 $\underline{s}$ 落在高维平面 $Z_{\xi_1} = 0$ 中的 $(n-1)$ 维球面 $\partial R(r)$ 上时，条件成对错误概率为

$$p_2(0, r, d) = \frac{\Gamma\!\left(\dfrac{n-1}{2}\right)}{\sqrt{\pi}\,\Gamma\!\left(\dfrac{n-2}{2}\right)} \int_0^{\arccos\left[\frac{\sqrt{(nd)/(n-d)}}{r}\right]} \sin^{n-3}\phi\,\mathrm{d}\phi$$

式中，$r > \sqrt{(nd)/(n-d)}$，否则有 $p_2(0, r, d) = 0$，于是我们得到条件 SB 如下：

$$f_u(z_{\xi_1}) = \int_0^{r_1} f_s(0, r \mid \underline{s}^{(0)}) g_s(z_{\xi_1}, r)\mathrm{d}r + \int_{r_1}^{+\infty} g_s(z_{\xi_1}, r)\mathrm{d}r \qquad (4.51)$$

式中，

$$g_s(z_{\xi_1}, r) = \frac{2r^{n-2}\mathrm{e}^{-\frac{r^2}{2\tilde{\sigma}^2}}}{2^{\frac{n-1}{2}}\tilde{\sigma}^{n-1}\Gamma\!\left(\dfrac{n-1}{2}\right)}, \quad r \geqslant 0 \qquad (4.52)$$

与信噪比有关，$\tilde{\sigma} = (\sqrt{n}\sigma)/(\sqrt{n} - z_{\xi_1})$；

$$f_s(0, r \mid \underline{s}^{(0)}) = \sum_{1 \leqslant d \leqslant \frac{r^2 n}{r^2 + n}} A_d \frac{\Gamma\!\left(\dfrac{n-1}{2}\right)}{\sqrt{\pi}\,\Gamma\!\left(\dfrac{n-2}{2}\right)} \int_0^{\arccos\left[\frac{\sqrt{(nd)/(n-d)}}{r}\right]} \sin^{n-3}\phi\,\mathrm{d}\phi \qquad (4.53)$$

与变量 $\tilde{\sigma}$ 无关。最优半径 r_1 是如下方程的唯一解：

$$\sum_{1\leqslant d\leqslant\frac{r^2n}{r^2+n}} A_d \frac{\Gamma\left(\dfrac{n-1}{2}\right)}{\sqrt{\pi}\,\Gamma\left(\dfrac{n-2}{2}\right)} \int_0^{\arccos\left[\frac{\sqrt{(nd)/(n-d)}}{r}\right]} \sin^{n-3}\phi\mathrm{d}\phi = 1 \tag{4.54}$$

因为 $r_1 < +\infty$，所以对于所有的 $z_{\xi_1} < \sqrt{n}$，都满足 $f_u(z_{\xi_1}) < 1$。

通过以上分析，我们已经知道，当 $z_{\xi_1} < \sqrt{n}$ 时，条件 SB 满足 $f_u(z_{\xi_1}) < 1$；否则 $f_u(z_{\xi_1}) = 1$。因此，最优参数值 $z_{\xi_1}^* = \sqrt{n}$。

综上，可以得到如下二进制线性分组码的参数化 TSB：

$$\Pr\{E\} \leqslant \int_{-\infty}^{\sqrt{n}} f_u(z_{\xi_1}) g(z_{\xi_1})\mathrm{d}z_{\xi_1} + \int_{\sqrt{n}}^{+\infty} g(z_{\xi_1})\mathrm{d}z_{\xi_1} \tag{4.55}$$

式中，$g(z_{\xi_1})$ 由式（4.36）给定，$f_u(z_{\xi_1})$ 由式（4.51）～式（4.54）给定。为了证明式（4.55）等价于 2.2.4 节中给出的 TSB，证明过程详见 3.5.3 节。

4.4　基于参数化 GFBT 的网格码的性能上界

通过 4.3 节的介绍，可知计算一般分组码的上界需要欧氏距离谱，然而一般分组码的欧氏距离谱通常很难计算。本节我们将以一般网格码（general trellis code）为例来计算和对比推导出来的上界。当网格的复杂度不高时，欧氏距离枚举函数 $A(X)$ 和三角形欧氏距离枚举函数 $B(X,Y,Z)$ 都是可计算的。

4.4.1　网格码

一般分组码 $C(n,M)$ 可以通过一个网格（trellis）来进行刻画。该网格有 N 节，令 B_t 表示网格的第 $t(0 \leqslant t \leqslant N-1)$ 节，B_t 是 $S_t \times \mathbb{R}^{n_t} \times S_{t+1}$ 的一个子集，其中 S_t 表示第 t 节的状态空间，n_t 表示第 t 节相应的符号个数。一个元素 $b \in B_t$ 称为一条边，用 $b \triangleq (\sigma^-(b), \ell(b), \sigma^+(b))$ 表示，该边从状态 $\sigma^-(b) \in S_t$ 出发，携带边上信息 $\ell(b) \in \mathbb{R}^{n_t}$，终止于状态 $\sigma^+(b) \in S_{t+1}$。网格图上的一条路径可以通过一系列的边 $\underline{b} = (b_0, b_1, \cdots, b_{N-1})$ 来刻画，满足 $b_t \in B_t$ 和 $\sigma^-(b_{t+1}) = \sigma^+(b_t)$。严格来说，网格的一条路径代表了一个码字，即 $\underline{s} = (\ell(b_0), \ell(b_1), \cdots, \ell(b_{N-1}))$。自然地，我们有 $\sum_{0 \leqslant t \leqslant N-1} n_t = n$，且网格路径的数目等于 M。不失一般性，我们令 $S_0 = S_N = \{0\}$。

一个刻画一般分组码 $C(n,M)$ 的平凡网格有着单一的出发状态、单一的终止状态和状态间 M 条平行的边，其中每一条边都代表着一个码字。对于大多数的网格算法，文献[60]和文献[61]指出，其计算复杂度是由 $\max|B_t|$ 和 $\max|S_t|$ 决定的。

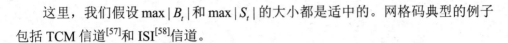

这里，我们假设 $\max |B_t|$ 和 $\max |S_t|$ 的大小都是适中的。网格码典型的例子包括 TCM 信道[57]和 ISI[58]信道。

4.4.2 乘积错误网格

对于可用一个（可能是时变的）网格来表示的一般分组码，我们需要得到它的乘积错误网格来计算欧氏距离谱 $\{A_\delta\}$ 和 $\{B_{\delta_1,\delta_2,\delta}\}$。同样地，该乘积错误网格有 N 节，以 $B_t \times B_t$ 表示第 t 节。一条边 $(b_t, \hat{b}_t) \in B_t \times B_t$ 表示从状态 $(\sigma^-(b_t), \sigma^-(\hat{b}_t)) \in S_t \times S_t$ 出发，携带边上信息 $(\ell(b_t), \ell(\hat{b}_t))$，终止于状态 $(\sigma^+(b_t), \sigma^+(\hat{b}_t))$。一对码字 $(\underline{s}, \hat{\underline{s}})$ 对应着该乘积错误网格上的一条路径 $((b_0, \hat{b}_0), (b_1, \hat{b}_1), \cdots, (b_{N-1}, \hat{b}_{N-1}))$，其中路径 $(b_0, b_1, \cdots, b_{N-1})$ 对应于码字 $\underline{s}$，路径 $(\hat{b}_0, \hat{b}_1, \cdots, \hat{b}_{N-1})$ 则对应于码字 $\hat{\underline{s}}$。一个简单的错误事件，发生于第 i 节而终止于第 j 节，由一条路径 $((b_0, \hat{b}_0), (b_1, \hat{b}_1), \cdots, (b_{N-1}, \hat{b}_{N-1}))$ 指定，满足：

（1）$b_t = \hat{b}_t$，对所有的 $t \leqslant i-1$，$\sigma^-(b_i) = \sigma^-(\hat{b}_i)$。

（2）$\sigma^+(b_t) \neq \sigma^+(\hat{b}_t)$，对所有的 $i \leqslant t \leqslant j-1$，$\sigma^+(b_j) = \sigma^+(\hat{b}_j)$。

（3）$b_t = \hat{b}_t$，对所有的 $t > j$。

在计算更紧致的 UB[62,63]时，我们仅需要考虑简单的错误事件即可，因此，我们提出以下算法。

算法 4.1 计算欧氏距离枚举函数：

对于 $t \in [0, N]$，$p \in S_t \times S_t$，初始化 $\alpha_t(p) = 0$，$\alpha_t'(p) = 0$，且 $\alpha_0((0,0)) = 1$。

```
for{ t ∈ [0, N-1] }  do
    for  { b, b̂ ∈ B_t }  do
        p = (σ⁻(b), σ⁻(b̂))
        q = (σ⁺(b), σ⁺(b̂))
        γ_e = X^‖ ℓ(b)-ℓ(b̂)‖²
        If  { b = b̂ } then
            α'_{t+1}(q) = α'_{t+1}(q) + α'_t(p)γ_e
            α_{t+1}(q) = α_{t+1}(q) + α_t(p)γ_e
        else
            if { σ⁺(b) = σ⁺(b̂) } then
                α'_{t+1}(q) = α'_{t+1}(q) + α_t(p)γ_e
            else
                α_{t+1}(q) = α_{t+1}(q) + α_t(p)γ_e
```

```
        end  if
      end  if
    end  for
  end  for
```
$$A(X) = \alpha'_N((0,0))/M$$
```
  return A(X)
```

注：计算三角形欧氏距离枚举函数时，我们只需要将 $A(X)$ 替换成 $B(X,Y,Z)$，且在算法第 6 行中定义 $\gamma_e = X^{\|\ell(b)\|^2} Y^{\|\ell(\hat{b})\|^2} Z^{\|\ell(b)-\ell(\hat{b})\|^2}$ 即可。

4.5　主要程序实现

下面给出一般分组码的参数化 SB、一般分组码的参数化 TB 和一般分组码的参数化 TSB 的主要程序。

```
//一般分组码的参数化 SB
void bound::General_SphereBound(char * from_file_name, int
code_vector_length, double rate, char *to_file_name)
{
    double Error;
    double snrdB;
    double snr,var;
    double step_r = 0.01;
    double integral_step = 0.01;
    double integral_up;
    double f;
    LogReal step_log;
    step_log.signx = 1;
    step_log.logx = log(step_r);
    double delta_d;
    LogReal one;
    one.signx = 1;  one.logx = 0;
    LogReal ErrorLog;
    LogReal sum_result,sum_f_result,g_r;
    LogReal temp_sum;
    double r,r_up;
    double d;
    FILE *fp;
    LogReal coef;
    double expn;
    LogReal *array;
```

```
int size = 0;
int count;
UPoly<double> *p;
UPoly<double> *m_WEF = UPoly<double>::Malloc();
if((fp = fopen(from_file_name, "r")) == NULL)
{
    fprintf(stderr, "\nCan't open the %s file!\n", from_
file_name);
    exit(1);
}
while(! feof(fp))
{
    fscanf(fp, "%d", &coef.signx);
    fscanf(fp, "%lf", &coef.logx);
    fscanf(fp, "%lf", &expn);
    UPoly<double>::PolyInsert(m_WEF,expn,coef);
}
fclose(fp);
fp = fopen(to_file_name, "a+");
fprintf(fp, "\n********************************\n");
fclose(fp);
p = m_WEF->next;
while(p != NULL)
{
    size++;
    p = p->next;
}
array = new LogReal[size];
LogReal gamma1,gamma2;
gamma1 = Gamma(code_vector_length / 2.0);
gamma2 = Gamma((code_vector_length-1)/ 2.0);
for(snrdB = minimum_snr; snrdB <= maximum_snr; snrdB +=
increment_snr)
    {
    fp = fopen(to_file_name, "a+");
    fprintf(fp, "\n%g    ", snrdB);
    fprintf(stdout, "\n%g ", snrdB);
    snr = pow(10, 0.1*snrdB);
    var = 1/(2* rate * snr);
    r_up = 5*sqrt(var*code_vector_length);
    ErrorLog.signx = 0;
    for(r = 0.1;r <= r_up;r=r+step_r)
        {
```

```
            g_r.signx = 1;
            g_r.logx = log(2.0)+(code_vector_length - 1) * log(r)
+(-r * r /(2 * var))- code_vector_length * 0.5 * log(2*var)-
gamma1.logx;
            p = m_WEF->next;
            count = 0;
            while(p != NULL)
            {
                d = p->expn;
                delta_d = sqrt(d);
                if(r>delta_d/2.0)
                {
                    if(p->coef.signx != 0)
                    {
                        integral_up = acos(delta_d*0.5 / r);
                        sum_f_result.signx = 0;
                        LogReal sum_f_temp;
                        for(f = integral_step ; f <= integral_up ;
f = f+integral_step)
                        {
                            sum_f_temp.logx = (code_vector_length-
2.0)*log(sin(f))+log(integral_step);
                            sum_f_temp.signx = 1;
                            sum_f_result = LogRealAdd(sum_f_ result,
sum_f_temp);
                        }
                        temp_sum.logx = p->coef.logx+sum_f_ result.
logx+gamma1.logx-gamma2.logx-0.5*log(PI);
                        temp_sum.signx = 1;
                        array[count++] = temp_sum;
                    }
                }
                p = p->next;
            }
            if(count != 0)
            {
                sum_result = SortSum(count,array);
            }
            else
            {
                sum_result.signx = 0;
                sum_result.logx = 0;
            }
```

```
        if((sum_result.signx == 1)&&(sum_result.logx > 0.0))
        {
            sum_result.signx = 1;
            sum_result.logx = 0.0;
        }
        sum_result = LogRealMult(LogRealMult(sum_result, g_r),
step_log);
        ErrorLog = LogRealAdd(ErrorLog, sum_result);
    }
    Error = ErrorLog.signx * exp(ErrorLog.logx);
    fprintf(fp, "%.5e", Error);
    fclose(fp);
}
delete []array;
UPoly<double>::Free(m_WEF);
m_WEF = NULL;
}


//一般分组码的参数化 TB
void bound::General_TB( char *from_file_name, double rate, char
*to_file_name )
{
    double Error;
    double snrdB;
    double snr,var;
    double step = 0.01;
    double step_z1 = 0.01;
    double d1,d2,d12;
    double z1, z1_up, z1_down;
    double beta_d2_z1;
    double sin_fai, cos_fai, tan_fai;
    LogReal ErrorLog;
    LogReal g_z1, fu_z1, p2;
    LogReal step_log;
    step_log.signx = 1;
    step_log.logx = log(step_z1);
    FILE *fp;
    LogReal coef;
    double y_expn;
    double t_expn;
    double z_expn;
    TPoly<double,double,double> *p;
    int size = 0;
```

```
int count;
LogReal *array;
TPoly<double,double,double>
*m_WEF=TPoly<double,double,double>::Malloc();
if((fp = fopen(from_file_name, "r")) == NULL)
{
    fprintf(stderr, "\nCan't open the %s file!\n", from_
file_name);
    exit(1);
}
while(! feof(fp))
{
    fscanf(fp, "%d", &coef.signx);
    fscanf(fp, "%lf", &coef.logx);
    fscanf(fp, "%lf", &y_expn);
    fscanf(fp, "%lf", &t_expn);
    fscanf(fp, "%lf", &z_expn);
    TPoly<double,double,double>::PolyInsert(m_WEF,y_expn,
t_expn,z_expn,coef);
}
fclose(fp);
fp = fopen(to_file_name, "a+");
fprintf(fp, "\n********************************\n");
fclose(fp);
p = m_WEF->next;
while(p != NULL)
{
    size++;
    p = p->next;
}
array = new LogReal[size];
for(snrdB = minimum_snr; snrdB <= maximum_snr; snrdB +=
increment_snr)
    {
        fp = fopen(to_file_name, "a+");
        fprintf(fp, "\n%g    ", snrdB);
        fprintf(stdout, "\n%g ", snrdB);
        snr = pow(10, 0.1*snrdB);
        var = 1/(2* rate * snr);
        ErrorLog.signx = 0;
        z1_up = 5 * sqrt(var);
        z1_down = -5 * sqrt(var);
        for(z1 = z1_down + step_z1 / 2 ;z1 < z1_up; z1 = z1 +
step_z1)
```

```
    {
        g_z1.signx = 1;
        g_z1.logx = -z1 * z1 / (2 * var) - log(sqrt(2 *PI * var));
        p = m_WEF->next;
        count = 0;
        while(p != NULL)
        {
            if(p->coef.signx != 0)
            {
                d1 = p->t_expn;
                d2 = p->y_expn;
                d12 = p->z_expn;
                cos_fai = (d1+d2-d12)/(2*sqrt(d1*d2));
                sin_fai = sqrt(1-cos_fai*cos_fai);
                tan_fai = sin_fai/cos_fai;
                beta_d2_z1 = (sqrt(d2)/2-z1*cos_fai)/sin_fai;
                p2.logx = FunctionQ(beta_d2_z1/sqrt(var));
                p2.signx = 1;
                array[count++] = LogRealMult(p2,p->coef);
            }
            p = p->next;
        }
        if(count != 0)
        {
            fu_z1 = SortSum(count,array);
        }
        else
        {
            fu_z1.signx = 0;
            fu_z1.logx = 0;
        }
        if((fu_z1.signx == 1)&&(fu_z1.logx > 0.0))
        {
            fu_z1.signx = 1;
            fu_z1.logx = 0.0;
        }
        ErrorLog = LogRealAdd(ErrorLog, LogRealMult
(LogRealMult(fu_z1, g_z1), step_log));
    }
    Error = ErrorLog.signx * exp(ErrorLog.logx);
    fprintf(fp, "%.5e", Error);
    fclose(fp);
}
```

```
    delete []array;
    TPoly<double,double,double>::Free(m_WEF);
    m_WEF = NULL;
}

//一般分组码的参数化 TSB
void bound::General_TSB(char *from_file_name, int code_
vector_length, double rate, char *to_file_name)
{
    FILE *fp;
    LogReal coef;
    double y_expn;
    double t_expn;
    double z_expn;
    TPoly<double,double,double> *p;
    int size = 0;
    int count;
    LogReal *array;
    double Error;
    double snrdB;
    double snr,var;
    double step = 0.1;
    double step_z1 = 0.1;
    double d1,d2,d12;
    double r, r_up;
    double z1, z1_up, z1_down;
    double beta_d2_z1;
    double sin_fai, cos_fai, tan_fai;
    LogReal ErrorLog;
    LogReal s, A, C;
    LogReal temp_sum;
    LogReal sum_rz1_first;
    LogReal g_r;
    double integral_up,integral_step,f;
    LogReal sum_f_result;
    integral_step = 0.01;
    LogReal one;
    one.signx = 1;
    one.logx = 0;
    LogReal none;
    none.signx = -1;
    none.logx = 0;
    LogReal step_log;
```

```
    step_log.signx = 1;
    step_log.logx = log(step);
    LogReal sum_result;
    LogReal gamma1,gamma2;
    gamma1=Gamma((code_vector_length-1)/ 2.0);
    gamma2=Gamma((code_vector_length-2)/ 2.0);
    TPoly<double,double,double>
    *m_WEF=TPoly<double,double,double>::Malloc();
    if((fp = fopen(from_file_name, "r")) == NULL)
    {
        fprintf(stderr, "\nCan't open the %s file!\n", from_
file_name);
        exit(1);
    }
    while(! feof(fp))
    {
        fscanf(fp, "%d", &coef.signx);
        fscanf(fp, "%lf", &coef.logx);
        fscanf(fp, "%lf", &y_expn);
        fscanf(fp, "%lf", &t_expn);
        fscanf(fp, "%lf", &z_expn);
        TPoly<double,double,double>::PolyInsert(m_WEF,
y_expn,t_expn,z_expn,coef);
    }
    fclose(fp);
    fp = fopen(to_file_name, "a+");
    fprintf(fp, "\n********************************\n");
    fclose(fp);
    p = m_WEF->next;
    while(p != NULL)
    {
        size++;
        p = p->next;
    }
    array = new LogReal[size];

    for(snrdB = minimum_snr; snrdB <= maximum_snr; snrdB +=
increment_snr)
    {
        fp = fopen(to_file_name, "a+");
        fprintf(fp, "\n%g    ", snrdB);
        fprintf(stdout, "\n%g ", snrdB);
        snr = pow(10, 0.1*snrdB);
```

```
        var = 1/(2* rate * snr);
        ErrorLog.signx = 0;

        z1_up = 5 * sqrt(var);
        z1_down = -5 * sqrt(var);
        r_up = 5*sqrt(var*(code_vector_length-1));
        for(z1 = z1_down + step_z1 / 2 ;z1 < z1_up; z1 = z1 +
step_z1)
            {
            sum_rz1_first.signx = 0;
            for(r = step / 2; r <= r_up; r = r + step)
            {
                g_r.signx = 1;
                g_r.logx = log(2.0)+(code_vector_length - 2)*
log(r)+(-r * r /(2 * var))-(code_vector_length - 1.0)* 0.5 *
log(2*var)- Gamma((code_vector_length - 1.0)/ 2).logx;
                p = m_WEF->next;
                count = 0;
                while(p != NULL)
                {
                    if(p->coef.signx != 0)
                    {
                        d1 = p->t_expn;
                        d2 = p->y_expn;
                        d12 = p->z_expn;
                        cos_fai = (d1+d2-d12)/(2*sqrt(d1*d2));
                        sin_fai = sqrt(1-cos_fai*cos_fai);
                        tan_fai = sin_fai/cos_fai;
                        beta_d2_z1 = (sqrt(d2)/2-z1*cos_fai)/sin_fai;
                        if(beta_d2_z1 >= 0)
                        {
                            if(r>beta_d2_z1)
                            {
                                integral_up = acos(beta_d2_z1 / r);
                                sum_f_result.signx=0;
                                LogReal sum_f_temp;
                                for(f = integral_step;f <= integral_
up; f = f+integral_step)
                                {
                                    sum_f_temp.logx = (code_vector_
length-3.0)*log(sin(f))+log(integral_step);
                                    sum_f_temp.signx = 1;
```

```
                              sum_f_result = LogRealAdd (sum_
f_result,sum_f_temp);
                              }
                              temp_sum.logx = sum_f_result.logx+
gamma1.logx-gamma2.logx-0.5*log(PI);
                              temp_sum.signx = 1;
                              temp_sum = LogRealMult(p->coef,
temp_sum);

                              array[count++] = temp_sum;
                          }
                      }
                      else
                      {
                          beta_d2_z1 = -beta_d2_z1;
                          if(r>beta_d2_z1)
                          {
                              integral_up = acos(beta_d2_z1 / r);
                              sum_f_result.signx = 0;
                              LogReal sum_f_temp;
                              for(f = integral_step; f <= integral_
up; f = f+integral_step)
                              {
                                  sum_f_temp.logx = (code_vector_
length-3.0)*log(sin(f))+log(integral_step);
                                  sum_f_temp.signx = 1;
                                  sum_f_result = LogRealAdd (sum_
f_result,sum_f_temp);
                              }
    temp_sum.logx = sum_f_result. logx+gamma1.logx-gamma2.
logx-0.5*log(PI);
                              temp_sum.signx = 1;
                          }
                          else
                              temp_sum.signx = 0;
                              temp_sum.signx = -temp_sum.signx;
                              temp_sum = LogRealAdd(one,temp_sum);
                              temp_sum = LogRealMult(p->coef,
temp_sum);

                              array[count++] = temp_sum;
                          }
                      }
                      P = p -> next;
                  }
```

```
                if(count != 0)
                {
                    sum_result = SortSum(count,array);
                }
                else
                {
                    sum_result.signx=0;
                    sum_result.logx=0;
                }
                if((sum_result.signx == 1)&&(sum_result.logx >
0.0))
                {
                    sum_result.signx = 1;
                    sum_result.logx = 0.0;
                }
                sum_result = LogRealMult(LogRealMult(sum_result,
g_r), step_log);
                sum_rz1_first = LogRealAdd(sum_rz1_first, sum_
result);
            }
            A = sum_rz1_first;
            if((A.signx == 1)&&(A.logx >= 0.0))
            {
                A.logx = 0.0;
                A.signx = 1;
            }
            C.signx = 1;
            C.logx = -z1 * z1 /(2 * var)- log(sqrt(2 *PI * var));
            A = LogRealMult(A,C);
            s.signx = 1;
            s.logx = log(step_z1);
            A = LogRealMult(A,s);
          ErrorLog = LogRealAdd(ErrorLog,A);
        }
      Error = ErrorLog.signx * exp(ErrorLog.logx);
      fprintf(fp, "%.5e", Error);
      fclose(fp);
    }
    delete []array;
    TPoly<double,double,double>::Free(m_WEF);
    m_WEF = NULL;
}
```

4.6　应 用 实 例

通过卷积编码器，4-AM（amplitude modulation，幅度调制）和 16-QAM（quadrature amplitude modulation，正交幅度调制）调制的网格码分别由图 4-5 和图 4-6 实现。由此可知在 AWGN 信道中可传输不等能量的信号。式（4.3）、式（4.16）、式（4.29）、式（4.45）、图 4-7 和图 4-8 分别展示了这两种收尾网格码误帧率的 UB、参数化 SB、参数化 TB、参数化 TSB 和仿真结果。

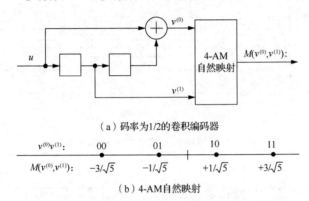

（a）码率为1/2的卷积编码器

$v^{(0)}v^{(1)}$:	00	01	10	11
$M(v^{(0)},v^{(1)})$:	$-3/\sqrt{5}$	$-1/\sqrt{5}$	$+1/\sqrt{5}$	$+3/\sqrt{5}$

（b）4-AM自然映射

图 4-5　通过卷积编码器和 4-AM 调制实现的网格码

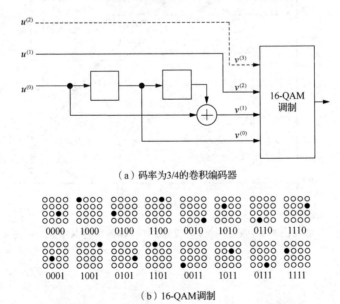

（a）码率为3/4的卷积编码器

（b）16-QAM调制

图 4-6　通过卷积编码器和 16-QAM 调制实现的网格码

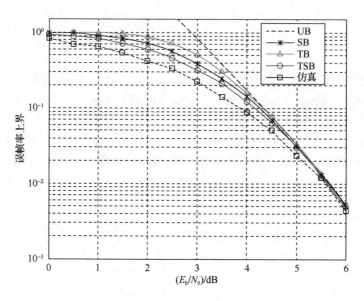

图 4-7　收尾网格码（$32, 2^{(30)}$）误帧率的上界

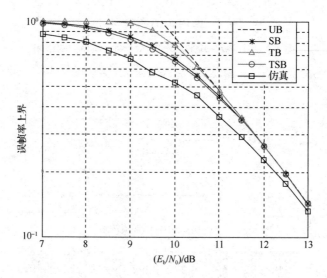

图 4-8　收尾网格码（$24, 2^{(30)}$）误帧率的上界

本 章 小 结

本章提出了用通用框架来研究一般分组码的单参数化 GFBT，从而用于推导一般分组码基于最大似然译码的错误概率上界。根据参数化 GFBT，传统的 SB、TB 和 TSB 等上界可以从二进制线性分组码推广到不具有几何均匀性和等能量性等性质的一般分组码上。在计算 UB 和 SB 时，我们需要码字的欧氏距离谱；而计算 TB 和 TSB 时，我们需要码字的三角形欧氏距离谱。当应用于二进制线性分组码时，三角形欧氏距离谱会退化并等价于传统的汉明重量谱，继而 SB、TB、TSB 这 3 个一般界也会退化成传统的形式。最后要强调的是，通过参数化 GFBT，各个界的最优参数值满足的方程式可以直观地得到，而不再需要烦琐的求导计算。

第 5 章　基于参数化 GFBT 的 RS 编码调制性能界

作为一般分组码的应用，本章主要研究 RS 码在 AWGN 信道下的最大似然译码性能界，并将提出的一般分组码的最大似然译码性能界应用到 RS 码上。RS 码作为一般分组码的一类，显然可以使用推导出来的一般分组码的最大似然译码性能界，前提是得到它的欧氏距离谱。然而，由于 RS 码的欧氏距离谱依赖于具体的信号映射方式，从而导致其计算非常困难。为此，我们将提出随机映射的方式，对于随机映射产生的 RS 编码调制（RS-coded modulation，RS-CM）系统集合，其性能解析界是可推导的，具体可以通过已知的（符号级）汉明距离谱进行估计。另外，我们还推导了可以应用于任意的特定 RS-CM 系统的基于仿真的界，其可以通过在欧氏空间内采用列表译码（list-decoding）算法来估计得到。基于仿真的界不需要距离谱，且在误字率（word error rate，WER）不是很低的情况下对短 RS 码来说是很紧致的。数值比较结果至少体现在以下 3 个方面：①对于短码来说，使用 BPSK 调制和随机映射方式的 RS-CM 比二进制随机线性分组码的性能要好；②随机映射（时变的）的 RS-CM 比特定映射的性能要好；③数值结果还表明 2013 年提出的 Chase-type 译码算法[64]对于短的 RS 码来说本质上是最大似然译码算法。

5.1　研　究　背　景

RS 码是很重要的一类代数码，广泛应用于各种实际系统，包括空间和卫星通信、数据存储、数字音视频传输和文件传输[65]等。RS 码的广泛运用主要得益于其出色的纠错能力及最大距离分离（maximum distance separable，MDS）性质。因此，研究 RS 码的译码算法在实践和理论上都是非常重要的。传统的硬判决译码（hard-decision decoding，HDD）算法称为 Berlekamp-Massey（BM）算法[66]，能够有效地在一个半径小于最小汉明距离一半的汉明球内找出唯一的码字（如果它存在的话），因此，它们的纠错能力限制在最小汉明距离的一半的边界内。相反地，Guruswami-Sudan（GS）算法[67,68]可以扩大译码半径并可能输出一系列候选码字，因此，GS 算法可以纠正超过最小汉明距离的一半的边界所产生的错误。为了进一步提高性能，人们需要转向软判决译码（soft-decision decoding，SDD）算法。

对于 RS 码，具有可行复杂度的 SDD 算法包括广义最小距离（generalized minimum distance，GMD）算法[69]、Chase-GMD 算法[70]、Koetter-Vardy（KV）算法[71]、Chase-KV 算法[72]、分阶统计译码（ordered statistic decoding，OSD）算法[73,74]、自适应置信度传播（adaptive belief propagation，ABP）算法[75]等。最近又有两种 Chase-type 译码算法被提出[64,76]。所有的这些努力都是为了不断地改进已有的一些算法的性能，并且达到最大似然译码的性能，尽管在文献[77]中 Guruswami 和 Vardy 证明了一般 RS 码的最大似然译码是一个 NP-Hard 问题（对于 BPSK 调制的短的 RS 码，最大似然译码可以通过它们的二进制映射图像的代数结构来实现[78,79]）。

一个直接的问题就是如何估量各种译码算法的次优性（和最大似然译码对比的差距）。尽管最大似然译码算法异常复杂，但紧致的界可以用于预测其性能，而无须依靠计算机的仿真。文献[26]提出，大部分边界技术都是基于 1965 年提出的 GSBT 和 1961 提出的 GFBT。对于一个 RS-CM 系统，即使采用 BPSK 调制，这些界也都是没用的，因为没有简单的方法根据已知的符号级汉明重量分布来推导出比特级的汉明重量谱。这个复杂性一部分是符号的比特表示依赖于基的选择而导致的。文献[79]中提出，最大似然译码错误概率的上界可以通过计算机搜寻短的 RS 码的比特级重量谱来计算；而文献[80]中提出其上界可以通过 RS 码的平均二进制重量枚举器（average binary weight enumerator，ABWE）来推导得到。一般来说，对于采用其他调制方式[81]的 RS-CM 系统，其码字的欧氏距离谱依赖于选择的信号映射方式，从而导致性能分析的复杂性。

这里，我们要强调的是在研究使用 RS 码的通信系统时，如果仅考虑编码部分是不全面的，因为任何通信系统的性能在很大程度上依赖于所选择的调制方式和星座的映射方式。众所周知，即使信号星座是固定的，系统性能同样在很大程度上依赖于所选择的从编码符号到星座点的准确映射的方式。因此，在本章中，我们的目的就是要考虑 RS 码连接高阶调制的最大似然译码性能的分析。然而，将星座映射结构合并到 RS 码的最大似然译码分析上似乎会使分析变得更加复杂，这就是大部分界是针对 BPSK 调制的二进制码的一个原因。

为了解决复杂度问题，我们并不考虑任何特定的调制映射，而是采用随机映射方法，我们将会说明，确实存在可能性来找出随机映射下 RS-CM 系统集合的最大似然译码错误概率性能的解析界。随机性是一种用于分析性能的强有力的技术，已广泛应用于信息和编码理论领域。例如，Benedetto 等[82]介绍了随机交织的方法来推导 Turbo 码的平均重量分布；Richardson 等[83]和 Luby 等[84]通过介绍随机不规则 Tanner 图来展示如何预测 LDPC 码的性能。然而，在我们的方法中，码不是随机的（事实上，码是一个构造良好的代数码），但调制映射方式（从符号映射到星座点上）是随机的。对于随机映射下的 RS-CM 系统集合，其解析界仅仅需要在给定固定的信号星座后已知 RS 码（符号级）的汉明距离谱就可以基于第 4 章中的结果推导得到，这是本章内容的第一个创新。

本章的第二个创新是提出了可以应用于任意特定 RS-CM 系统的基于仿真的界，其通过在欧氏空间内采用列表译码算法来估计得到。对于短码来说，这些界是紧致的（几乎重叠）。另外，研究结果表明 2013 年提出的 Chase-type 译码算法[64]对于短的 RS 码来说是接近最优的。

5.2 RS 编码调制

5.2.1 系统模型

定义 $\mathbb{F}_q \triangleq \{\alpha_0, \alpha_1, \cdots, \alpha_{q-1}\}$ 是一个大小为 q 的有限域。码长为 n，维度为 k，最小汉明距离为 $d_{\min} = n - k + 1$ 的 RS 码记为 $C_q[n, k, d_{\min}]$，其码字可以通过在一个含有 n 个不同点的集合中估计出一个次数小于 k 的多项式得到，该集合记为 $P \triangleq \{\beta_0, \beta_1, \cdots, \beta_{n-1}\} \subseteq \mathbb{F}_q$。

1. 编码

令 $\underline{u} = (u_0, u_1, \cdots, u_{k-1}) \in \mathbb{F}_q^k$ 是一个要传输的信息序列，可以用一个消息多项式 $u(x) = u_0 + u_1 x + \cdots + u_{k-1} x^{k-1}$ 来表示，相应的码字给定如下：

$$\underline{c} = (c_0, c_1, \cdots, c_{n-1}) = (u(\beta_0), u(\beta_1), \cdots, u(\beta_{n-1})) \tag{5.1}$$

2. 映射

假设码字 $\underline{c}$ 转化映射成一个信号向量 $\underline{s} = (s_0, s_1, \cdots, s_{n-1})$，其中 $s_i = \phi(c_i) \in \mathbb{R}^\ell$ 是一个由映射准则 ϕ 决定的 ℓ 维的信号。大小为 q 的星座定义为 $X \triangleq \{\phi(\alpha), \alpha \in \mathbb{F}_q\}$，其具体形状由相应的调制方式决定。我们以一个 64-aryRS 码为例，如果使用 BPSK，则有 $\ell = 6$ 且 $X = \{-1, +1\}^6$，即 $\{-1, +1\}$ 的 6 重笛卡儿积；如果使用 8-PSK，则有 $\ell = 4$ 且 $X = \{8\text{-PSK}\}^2$；如果使用 64-QAM，则有 $\ell = 2$ 且 $X = \{\pm 1, \pm 3, \pm 5, \pm 7\}^2$。所有信号向量形成的集合记为 $S \triangleq \{\underline{s} \mid s_t = \phi(c_t), 0 \leq t \leq n-1, \underline{c} \in C_q\}$。

3. 信道

假设信号向量 $\underline{s}$ 在 AWGN 信道上传输，接收向量为 $\underline{y} = \underline{s} + \underline{z}$，其中，$\underline{z}$ 是均值为 0、方差为 σ^2 的 AWGN。

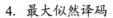

4. 最大似然译码

假设每个码字以相同的概率进行传输，使误码率最小的最优译码就是最大似然译码，对于 AWGN 来说，等价于找到一个距离（欧氏距离）接收向量 $\boldsymbol{y}$ 最近的码字 $\hat{\underline{s}} \in S$。本章之后章节，在表示 RS-CM 的一个码字时不再区分 $\underline{c}$ 和 $\underline{s}$。

5.2.2 RS-CM 距离枚举函数

一个 RS 码 $C_q[n,k,d_{\min}]$ 的重量枚举函数定义如下：

$$W(X) \triangleq \sum_{i=d_{\min}}^{n} W_i X^i \tag{5.2}$$

式中，W_i 表示汉明重量为 i 的码字的个数，并由式（5.3）决定[85]：

$$W_i = \binom{n}{i}(q-1)\sum_{j=0}^{i-d_{\min}}(-1)^j\binom{i-1}{j}q^{i-j-d_{\min}}, \quad i \geqslant d_{\min} \tag{5.3}$$

给定 RS-CM 的一个码字 $\underline{s}$，我们知道，$A_{\delta|\underline{s}}$ 表示与 $\underline{s}$ 的欧氏距离为 δ 的码字的个数，且

$$A_\delta = \frac{1}{q^k}\sum_{\underline{s}} A_{\delta|\underline{s}}$$

表示与 $\underline{s}$ 的欧氏距离为 δ 的有序成对码字的平均个数。根据定义 4.1，RS-CM 的欧氏距离枚举函数为

$$A(X) = \sum_\delta A_\delta X^{\delta^2} \tag{5.4}$$

5.2.3 RS-CM 上界

RS-CM 最大似然译码错误概率 $\Pr\{E\}$ 的传统 UB 为

$$\Pr\{E\} \leqslant \sum_\delta A_\delta Q\left(\frac{\delta}{2\sigma}\right) \tag{5.5}$$

根据式（4.16），我们可以得到比 UB 更紧致的 SB，即

$$\Pr\{E\} \leqslant \int_0^{+\infty} \min\{f_{\mathrm{u}}(r),1\} g(r)\mathrm{d}r \tag{5.6}$$

式中，

$$f_{\mathrm{u}}(r) = \sum_\delta A_\delta p_2(r,\delta) \tag{5.7}$$

$$p_2(r,\delta) = \begin{cases} \dfrac{\Gamma\left(\dfrac{\ell n}{2}\right)}{\sqrt{\pi}\,\Gamma\left(\dfrac{\ell n-1}{2}\right)} \displaystyle\int_0^{\arccos\left(\frac{\delta}{2r}\right)} \sin^{\ell n-2}\phi\,\mathrm{d}\phi, & r > \dfrac{\delta}{2} \\[2em] 0, & r \leqslant \dfrac{\delta}{2} \end{cases} \qquad (5.8)$$

$$g(r) = \frac{2r^{\ell n-1}\mathrm{e}^{-\frac{r^2}{2\sigma^2}}}{2^{\frac{\ell n}{2}}\sigma^{\ell n}\Gamma\left(\dfrac{\ell n}{2}\right)}, \quad r \geqslant 0 \qquad (5.9)$$

该界是由欧氏距离谱 $\{A_\delta\}$ 决定的。

5.3 RS 编码调制系统集合（随机）的解析界

由 5.2 节可以看出，计算 RS-CM 的最大似然译码错误概率的上界需要欧氏距离谱 $\{A_\delta\}$，而 $\{A_\delta\}$ 依赖于所采用的信号映射方式 ϕ，并且通常是很难计算的。为了解决这个困难，本节我们提出使用随机映射方式，随机映射下的 RS-CM 系统集合的解析界可以通过重量枚举函数 $W(X)$ 推导得到。

5.3.1 随机映射 RS-CM 的平均欧氏距离枚举函数

令 $C_q[n,k,d_{\min}]$ 是基于有限域 $\mathbb{F}_q$ 的一个 RS 码，且 $X \subset \mathbb{R}^\ell$ 是一个大小为 q 的信号星座，将从 $\mathbb{F}_q$ 到 X 的所有一一映射准则的集合记为 $\Phi = \{\phi^{(1)}, \phi^{(2)}, \cdots, \phi^{(q^\ell)}\}$。假设 $\boldsymbol{\phi} = (\phi_0, \phi_1, \cdots, \phi_{n-1})$ 是一个随机序列，序列的每一个元素都是从 Φ 中独立均匀地采样得到的。

定义
$$S(C_q, \boldsymbol{\phi}) \triangleq \left\{ \underline{s} \mid s_t = \phi_t(c_t), 0 \leqslant t \leqslant n-1, \underline{c} \in C_q \right\}$$
可见 $S(C_q, \boldsymbol{\phi}) \subset \mathbb{R}^{\ell n}$ 是一个大小为 q^k 的随机码书。因此，RS 码 C_q 可以映射成 $(q^\ell)^n$ 个不同的码书 S，每一个的映射概率均为 $\Pr\{S\} = 1/(q^\ell)^n$。

给定一个码书 $S(C_q, \boldsymbol{\phi})$，令 $B'_\delta(S)$ 表示在 $S(C_q, \boldsymbol{\phi})$ 中欧氏距离为 δ 的有序成对码字的平均个数。定义
$$B'_\delta(S) \triangleq \sum_S \Pr\{S\} B'_\delta(S) \qquad (5.10)$$

定义 5.1 随机映射 RS-CM 的欧氏距离枚举函数定义如下：

$$B'(X) \triangleq \sum_{\delta} B'_{\delta} X^{\delta^2} \tag{5.11}$$

$\{B'_{\delta}\}$ 称为平均欧氏距离谱。

5.3.2　随机映射 RS-CM 集合的解析界

RS-CM 的最大似然译码错误概率可以写成

$$\Pr\{E\} = \sum_{S} \Pr\{S\}\Pr\{E \mid S\} \tag{5.12}$$

式中，$\Pr\{E \mid S\}$ 表示在给定码书 $S(C_q, \phi)$ 下的条件最大似然译码错误概率。

由式（5.5）知，$\Pr\{E \mid S\}$ 的 UB 为

$$\Pr\{E \mid S\} \leqslant \sum_{\delta} B'_{\delta}(S) Q\left(\frac{\delta}{2\sigma}\right) \tag{5.13}$$

因此，由式（5.10）和式（5.12）知，RS-CM 的最大似然译码错误概率的 UB 可以写成

$$
\begin{aligned}
\Pr\{E\} &= \sum_{S} \Pr\{S\}\Pr\{E \mid S\} \\
&\leqslant \sum_{S} \Pr\{S\} \sum_{\delta} B'_{\delta}(S) Q\left(\frac{\delta}{2\sigma}\right) \\
&= \sum_{\delta} \sum_{S} \Pr\{S\} B'_{\delta}(S) Q\left(\frac{\delta}{2\sigma}\right) \\
&= \sum_{\delta} B'_{\delta} Q\left(\frac{\delta}{2\sigma}\right)
\end{aligned}
\tag{5.14}
$$

该界是由平均欧氏距离谱 $\{B'_{\delta}\}$ 决定的。

由式（5.6）知，$\Pr\{E \mid S\}$ 的 SB 为

$$\Pr\{E \mid S\} \leqslant \int_{0}^{+\infty} \min\{f_{\mathrm{u}}(r \mid S), 1\} g(r) \mathrm{d}r \tag{5.15}$$

式中，$g(r)$ 由式（5.9）给定，且

$$f_{\mathrm{u}}(r \mid S) = \sum_{\delta} B'_{\delta}(S) p_2(r, \delta)$$

其中，$p_2(r, \delta)$ 由式（5.8）给定。

由式（5.10），我们定义

$$
\begin{aligned}
f_{\mathrm{u}}(r) &\triangleq \sum_{S} \Pr\{S\} f_{\mathrm{u}}(r \mid S) \\
&= \sum_{S} \Pr\{S\} \sum_{\delta} B'_{\delta}(S) p_2(r, \delta) \\
&= \sum_{\delta} \sum_{S} \Pr\{S\} B'_{\delta}(S) p_2(r, \delta)
\end{aligned}
$$

$$= \sum_{\delta} B'_{\delta} p_2(r, \delta) \tag{5.16}$$

因此，由式（5.12）和式（5.15）知，RS-CM 的最大似然译码错误概率的 SB 可以写成

$$\begin{aligned}
\Pr\{E\} &= \sum_{S} \Pr\{S\} \Pr\{E \mid S\} \\
&\leqslant \sum_{S} \Pr\{S\} \int_{0}^{+\infty} \min\{f_{\mathrm{u}}(r \mid S), 1\} g(r) \mathrm{d}r \\
&\leqslant \int_{0}^{+\infty} \min\left\{ \sum_{S} \Pr\{S\} f_{\mathrm{u}}(r \mid S), 1 \right\} g(r) \mathrm{d}r \\
&\leqslant \int_{0}^{+\infty} \min\{f_{\mathrm{u}}(r), 1\} g(r) \mathrm{d}r
\end{aligned} \tag{5.17}$$

该界是由平均欧氏距离谱 $\{B'_{\delta}\}$ 决定的。

5.3.3 计算平均欧氏距离枚举函数

由 5.3.2 节可以看出，计算 RS-CM 的最大似然译码错误概率上界需要知道式（5.11）定义的平均欧氏距离枚举函数 $B'(X)$。在本节中，我们将介绍如何通过汉明重量枚举函数 $W(X)$ 和信号星座的欧氏距离枚举函数来计算 $B'(X)$。

根据前文介绍，知道 X 是一个大小为 q 的信号星座，由此定义

$$D(X) \triangleq \sum_{\delta} D_{\delta} X^{\delta^2} = \frac{1}{q(q-1)} \sum_{x \in X, y \in X, x \neq y} X^{\|x-y\|^2} \tag{5.18}$$

式中，$\|\cdot\|$ 表示欧氏距离；D_{δ} 表示星座 X 上欧氏距离为 δ 的有序成对信号的平均个数。假设有两个码字 $\underline{c}$ 和 $\hat{\underline{c}}$，且二者间的汉明距离为 $d > 0$。$\underline{\phi} = (\phi_0, \phi_1, \cdots, \phi_{n-1})$ 是一个随机映射序列，序列的每一个元素都是从 Φ 中独立均匀采样得到的，其中 Φ 是从 $\mathbb{F}_q$ 到 X 所有一一映射的集合。那么，我们有

$$\sum_{\underline{\phi}} (q^{\ell})^{-n} X^{\sum_{t} \|\phi_t(c_t) - \phi_t(\hat{c}_t)\|^2} = [D(X)]^d$$

因此，

$$\begin{aligned}
B'(X) &= \sum_{\underline{\phi}} (q^{\ell})^{-n} \sum_{\underline{c} \in C_q} q^{-k} \sum_{\hat{\underline{c}} \in C_q, \underline{c} \neq \hat{\underline{c}}} X^{\sum_{t} \|\phi_t(c_t) - \phi_t(\hat{c}_t)\|^2} \\
&= \sum_{\underline{c} \in C_q} q^{-k} \sum_{\hat{\underline{c}} \in C_q, \underline{c} \neq \hat{\underline{c}}} \sum_{\underline{\phi}} (q^{\ell})^{-n} X^{\sum_{t} \|\phi_t(c_t) - \phi_t(\hat{c}_t)\|^2} \\
&= \sum_{d_{\min} \leqslant d \leqslant n} W_d [D(X)]^d
\end{aligned}$$

注：当考虑使用 BPSK 调制的 RS-CM 时，平均欧氏距离枚举函数 $B'(X)$ 将会退化等效成文献[80]中提出的 ABWE。

5.4　特定 RS 编码调制系统的基于仿真的界

在本节中，我们借助列表译码算法对特定的 RS-CM 系统提出一种基于仿真的界。

算法 5.1　基于性能分析的次优列表译码算法：

（1）列出所有落在以接收向量 y 为球心，半径为 $r^* \geqslant 0$ 的欧氏球内的码字，其中，r^* 是自定义的参数。我们将这个列表记为 L。

（2）找出离 y 最近的码字 $\underline{s}^* \in L$。

注：以上列表译码算法在文献[86]中也称为球形译码算法。文献[86]的目的是基于球形译码算法本身来推导解析界，而本节的目的是基于最大似然译码，通过假设球形译码可以有效地推导基于仿真的界。

假设 $\underline{s}$ 为发送码字，那么有两种情况会发生译码错误。

（1）发送码字 $\underline{s}$ 不在列表 L［参考图 5-1（a）］内，即 $\|\underline{z}\| = \|y - \underline{s}\| \geqslant r^*$。该事件记为 $\{E_1 | \underline{s}\}$，其发生概率为

$$\Pr\{E_1 | \underline{s}\} = \Pr\{\|\underline{z}\| \geqslant r^*\} = \int_{r^*}^{+\infty} g(r)\mathrm{d}r \tag{5.19}$$

式中，$g(r)$ 见式（5.9）。

（2）发送码字 $\underline{s}$ 在列表 L 内，但不是离 y 最近的码字［参考图 5-1（b）］。该事件记为 $\{E_2 | \underline{s}\}$，其相应错误概率为 $\Pr\{E_2 | \underline{s}\}$。

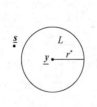 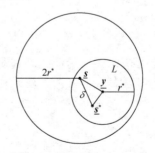

（a）发送码字不在列表内的错误事件　　（b）发送码字在列表内的错误事件但不是
　　　　　　　　　　　　　　　　　　　离接收向量最近的码字的错误事件

图 5-1　次优列表译码算法的译码错误事件

显然，

$$\Pr\{E_2 | \underline{s}\} \leqslant \Pr\{E | \underline{s}\} \leqslant \Pr\{E_1 | \underline{s}\} + \Pr\{E_2 | \underline{s}\} \tag{5.20}$$

对发送码字求平均，我们得到

$$\Pr\{E_2\} \leqslant \Pr\{E\} \leqslant \Pr\{E_1\} + \Pr\{E_2\}$$

式中，

$$\Pr\{E_1\} = \sum_{\underline{s}} \Pr\{\underline{s}\}\Pr\{E_1 \mid \underline{s}\} = \int_{r^*}^{+\infty} g(r)\mathrm{d}r$$

$$\Pr\{E_2\} = \sum_{\underline{s}} \Pr\{\underline{s}\}\Pr\{E_2 \mid \underline{s}\}$$

如果可以计算 $\Pr\{E_2\}$，那么我们将会得到关于最大似然译码错误概率的界。事实上，对于小的 r^* 或者短的 RS 码，若使用 Chase-type 译码算法[64]，是可以通过蒙特卡罗仿真得到概率 $\Pr\{E_2\}$ 的。

算法 5.2　估计错误概率 $\Pr\{E_2\}$：

初始化 $i = 0$ 和 $N_{\mathrm{err}} = 0$。给定参数 $r^* > 0$ 及一个足够大的整数 $N_{\mathrm{total}} > 0$。

```
while(i < N_total)do
    //均匀随机产生一个码字 s，以及高斯白噪声 z。
    y = s + z
    if {|| y-s || ≤ r*}
        i = i+1
        //通过文献[64]对 y 进行译码，得到译码码字 s*。
        if {s* 不等于 s}
            N_err = N_err +1
        end if
    end if
end while
Pr{E_2} = N_err / N_total
return Pr{E_2}
```

注：以上算法比实际的译码算法要快，因为我们不需要在球内找到最优的候选码字，这种情况是说，我们已经发现一些早期的中间候选码字比传输的码字要好（这种情况下，最大似然译码必然发生错误，这已在文献[87]中指出，并且应用到文献[88]中）。

5.5　主要程序实现

下面给出特定 RS-CM 系统的欧氏距离谱的计算，以及基于欧氏距离谱的 UB 与 SB 的计算程序。

```
//上界技术在 RS-CM 系统中的应用
void RSCode_Bound()
{
    char file_name[80];
    RSCode rs("Setup_RS.txt");
    //计算符号级别的重量谱分布,只需计算一次
    rs.HammingSymbolWeight();
    //计算调制星座的欧氏距离谱分布,只需计算一次
    rs.PairDistance();
    //通过构建 Trellis 来计算 RS 码的欧氏距离谱,只需要计算一次
    //其中 MultiThreadComputeSpectrum() 是使用多线程计算,可以提高计
    //算速度
    rs.MallocTrellis();
    rs.ComputeSpectrum();
    //传递距离谱文件名参数来计算上界
    sprintf(file_name, "RS_Spectrum(%d,%d)_%s.txt",rs.n,rs.k,
rs.mapper);
    bound::General_UnionBound(file_name,
log((double)rs.q)/log(2.0)*rs.code_rate, "RS_UBfer.txt");
    int code_vector_length;
    // 对于 RS 码, 本程序实现了 BPSK 和 M-QAM 等调制方式
    if (!strcmp(rs.mapper,"BPSK"))
    {
        code_vector_length = rs.n*(int)(log((double)rs.q)
/log(2.0));
    }
    else if (!strcmp(rs.mapper,"QAM"))
    {
        code_vector_length = rs.n*2;
    }
    bound::General_SphereBound(file_name, code_vector_length,
log((double)rs.q)/log(2.0)*rs.code_rate, "RS_SBfer.txt");
}
//计算 RS 码的欧氏距离谱
void RSCode::ComputeSpectrum()
{
    int s,s1,t,i;
    int edge_num;
    time_t t_start, t_end;
    UPoly<double> *temp_Upoly = UPoly<double>::Malloc();
    for (t = 0; t<m_len_trellis; t++)
    {
        printf("\nt = %d, ",t);
        t_start = clock();
```

```
        for (s1 = 0; s1<m_num_state; s1++)
        {
            for (I = 0;i<m_num_input;i++)
            {
                edge_num = m_edge_to_state[s1][i];
                s = m_left_vertex[edge_num];
                UPoly<double>::PolyMult(old_upoly[s],
m_edge[edge_num],temp_Upoly);
                UPoly<double>::PolyAdd(new_upoly[s1],
temp_Upoly);
            }
        }
        if ((t+2) >= dmin)
        {
            for (s = 0; s<m_num_state; s++)
            {
                UPoly<double>::PolyCopy(new_upoly[s],
temp_Upoly);
                UPoly<double>::PolyCoefMult(temp_Upoly,
Ad[t+2]);
                UPoly<double>::PolyAdd(Ed,temp_Upoly);
            }
        }
        for (s = 0; s<m_num_state; s++)
        {
            UPoly<double>::Free(old_upoly[s]->next);
            old_upoly[s]->next = new_upoly[s]->next;
            new_upoly[s]->next = NULL;
        }
        t_end = clock();
        printf("time: %lf",(double)(t_end-t_start)/CLOCKS_PER_
SEC);
    }
    UPoly<double>::Free(temp_Upoly);
    char file_name[80];
    FILE *fp;
    UPoly<double> *p;
    sprintf(file_name, "RS_Spectrum(%d,%d)_%s.txt",n,k,mapper);
    fp = fopen(file_name, "w");
    p = Ed->next;
    while (p != NULL)
    {
        fprintf(fp, "\n%d %lf %lf",p->coef.signx, p->coef.logx,
p->expn);
```

```
        p = p->next;
    }
    fclose(fp);
}
//使用多线程计算 RS 码的欧氏距离谱
void RSCode::MultiThreadComputeSpectrum()
{
    int s,t,i;
    time_t t_start, t_end;
    UPoly<double> *temp_Upoly = UPoly<double>::Malloc();
    for (t = 0; t<m_len_trellis; t++)
    {
        printf("\nt = %d, ",t);
        t_start = clock();
        memset((void*)simPara, 0, sizeof(simPara));//参数初始化
        for(i = 0; i<nThreadNum; i++)//启动每一个线程
        {
            simPara[i].m_num_state = m_num_state;
            simPara[i].m_num_input = m_num_input;
            simPara[i].m_edge_to_state = m_edge_to_state;
            simPara[i].m_left_vertex = m_left_vertex;
            simPara[i].old_upoly = old_upoly;
            simPara[i].new_upoly = new_upoly;
            simPara[i].m_edge = m_edge;
            simPara[i].thread_num = i;
            simPara[i].total_thread_num = nThreadNum;
            hThread[i] = CreateThread(NULL,0,(LPTHREAD_START_
ROUTINE)ThreadMain,&(simPara[i]),0,&(ThreadId[i]));
        }
        WaitForMultipleObjects(nThreadNum,hThread,TRUE,
INFINITE);                              //等待所有线程的结束
        for(i = 0; i<nThreadNum; i++)//关闭所有线程
        {
        CloseHandle(hThread[i]);
        }
        if ((t+2) >= dmin)
        {
            for (s = 0; s<m_num_state; s++)
            {
                UPoly<double>::PolyCopy(new_upoly[s],
temp_Upoly);
                UPoly<double>::PolyCoefMult(temp_Upoly,
Ad[t+2]);
                UPoly<double>::PolyAdd(Ed,temp_Upoly);
```

```
        }
    }
    for (s = 0; s<m_num_state; s++)
    {
        UPoly<double>::Free(old_upoly[s]->next);
        old_upoly[s]->next = new_upoly[s]->next;
        new_upoly[s]->next = NULL;
    }
    t_end = clock();
    printf("time: %lf",(double)(t_end-t_start)/CLOCKS_PER_
SEC);
    }
    UPoly<double>::Free(temp_Upoly);
    char file_name[80];
    FILE *fp;
    UPoly<double> *p;
    sprintf(file_name, "RS_Spectrum(%d,%d)_%s.txt",n,k,mapper);
    fp = fopen(file_name, "w");
    p = Ed->next;
    while (p != NULL)
    {
        fprintf(fp, "\n%d %lf %lf",p->coef.signx, p->coef.logx,
p->expn);
        p = p->next;
    }
    fclose(fp);
}
// RS-CM 的 UB 实现
void bound::General_UnionBound(char *from_file_name, double
rate, char *to_file_name)
{
    double snrdB;
    double snr,var;
    int count;
    double d2;
    LogReal coef;
    UPoly<double> *p;
    LogReal ErrorLog;
    LogReal Q;
    LogReal sum_result;          //存储排序相加后的结果
    LogReal *array;              //存储待排序的数据
    int size = 0;
    FILE *fp;
    double expn;
```

```
if ((fp = fopen(from_file_name, "r")) == NULL)
{
    fprintf(stderr, "\nCan't open the %s file!\n", from_
file_name);
    exit(1);
}
UPoly<double> *m_WEF = UPoly<double>::Malloc();
while (! feof(fp))
{
    fscanf(fp, "%d", &coef.signx);
    fscanf(fp, "%lf", &coef.logx);
    fscanf(fp, "%lf", &expn);
    UPoly<double>::PolyInsert(m_WEF,expn,coef);
}
fclose(fp);
fp = fopen(to_file_name, "a+");
fprintf(fp, "\n*******************************\n");
fclose(fp);
p = m_WEF->next;
while (p != NULL)
{
    size++;
    p = p->next;
}
array = new LogReal[size];
for(snrdB = minimum_snr; snrdB <= maximum_snr; snrdB +=
increment_snr)
{
    fp = fopen(to_file_name, "a+");
    fprintf(fp, "\n%g ", snrdB);
    snr = pow(10, 0.1*snrdB);
    var = 1/(2* rate * snr);
    count = 0;
    p = m_WEF->next;
    while(p != NULL)
    {
        d2 = p->expn;
        if (p->coef.signx != 0)
        {
            Q.signx = 1;
            Q.logx = FunctionQ(sqrt(d2)*0.5/sqrt(var));
            //直接以对数形式表现出来
            coef.signx = 1;
            coef.logx = p->coef.logx;
```

```
                    ErrorLog = LogRealMult(coef, Q);
                    array[count++] = ErrorLog;
                }
                p = p->next;
            }
        sum_result = SortSum(count,array);  //是对数上的排序、相加
        fprintf(fp, "%.5e", sum_result.signx * exp(sum_result.
logx));
        fclose(fp);
    }
    delete []array;
    UPoly<double>::Free(m_WEF);
    m_WEF = NULL;
}
// RS-CM的SB实现
void bound::General_SphereBound( char *from_file_name, int
code_vector_length, double rate, char *to_file_name )
{
    double Error;
    double snrdB;
    double snr,var;
    double step_r = 0.01;
    double integral_step = 0.01;
    double integral_up;
    double f;
    LogReal step_log;
    step_log.signx = 1;
    step_log.logx = log(step_r);
    double delta_d;
    LogReal one;
    one.signx = 1;  one.logx = 0;
    LogReal ErrorLog;
    LogReal sum_result,sum_f_result,g_r;
    LogReal temp_sum;
    double r,r_up;
    double d;
    FILE *fp;
    LogReal coef;
    double expn;
    LogReal *array;
    int size = 0;
    int count;
    UPoly<double> *p;
    UPoly<double> *m_WEF = UPoly<double>::Malloc();
```

```
    if ((fp = fopen(from_file_name, "r")) == NULL)
    {
        fprintf(stderr, "\nCan't open the %s file!\n", from_
file_name);
        exit(1);
    }
    while (! feof(fp))
    {
        fscanf(fp, "%d", &coef.signx);
        fscanf(fp, "%lf", &coef.logx);
        fscanf(fp, "%lf", &expn);
        UPoly<double>::PolyInsert(m_WEF,expn,coef);
    }
    fclose(fp);
    fp = fopen(to_file_name, "a+");
    fprintf(fp, "\n********************************\n");
    fclose(fp);
    p = m_WEF->next;
    while (p != NULL)
    {
        size++;
        p = p->next;
    }
    array = new LogReal[size];
    LogReal gamma1,gamma2;
    gamma1 = Gamma(code_vector_length / 2.0);
    gamma2 = Gamma((code_vector_length-1) / 2.0);
    for(snrdB = minimum_snr; snrdB <= maximum_snr; snrdB +=
increment_snr)
    {
        fp = fopen(to_file_name, "a+");
        fprintf(fp, "\n%g    ", snrdB);
        fprintf(stdout, "\n%g  ", snrdB);
        snr = pow(10, 0.1*snrdB);
        var = 1/(2* rate * snr);
        r_up = 5*sqrt(var*code_vector_length);
        ErrorLog.signx=0;
        for (r = 0.1;r <= r_up;r = r+step_r)
        {
            g_r.signx = 1;
            g_r.logx = log(2.0) + (code_vector_length - 1) * log(r)
+ (-r * r / (2 * var)) - code_vector_length * 0.5 * log(2*var)
- gamma1.logx;
            p = m_WEF->next;
```

```
        count = 0;
        while(p != NULL)
        {
            d = p->expn;
            delta_d = sqrt(d);
            if (r>delta_d/2.0)
            {
                if(p->coef.signx != 0)
                {
                    integral_up = acos(delta_d*0.5 / r);
                    sum_f_result.signx=0;
                    LogReal sum_f_temp;
                    for (f = integral_step ; f <= integral_up;
f = f+integral_step)
                    {
                        sum_f_temp.logx = (code_vector_length-
2.0)*log(sin(f))+log(integral_step);
                        sum_f_temp.signx = 1;
                        sum_f_result = LogRealAdd(sum_f_
result,sum_f_temp);
                    }
                    temp_sum.logx = p->coef.logx+sum_f_ result.
logx+gamma1.logx-gamma2.logx-0.5*log(PI);
                    temp_sum.signx = 1;
                    array[count++] = temp_sum;
                }
            }
            p = p->next;
        }
        if (count != 0)
        {
            sum_result = SortSum(count,array);
        }
        else
        {
            sum_result.signx = 0;
            sum_result.logx = 0;
        }
        if((sum_result.signx == 1) && (sum_result.logx >
0.0))
        {
            sum_result.signx = 1;
            sum_result.logx = 0.0;
        }
```

```
      sum_result = LogRealMult(LogRealMult(sum_result,
g_r), step_log);
      ErrorLog = LogRealAdd(ErrorLog, sum_result);
   }
   Error = ErrorLog.signx * exp(ErrorLog.logx);
   fprintf(fp, "%.5e", Error);
   fclose(fp);
}
delete []array;
UPoly<double>::Free(m_WEF);
m_WEF = NULL;
}
```

5.6　应 用 实 例

例 5.1　我们使用 BPSK 调制的 RS 码 $C_{16}[15,11,5]$。作为对比，我们也考虑 BPSK 调制的随机二进制线性分组码 $C_2[60,44]$。这两个码有着相同的码长和码率，数值结果如图 5-2 所示。我们可以看到，跟预期一样，在低信噪比时 SB 比 UB 要紧致。另外，结果也表明了非二进制构造的码的性能要比二进制随机线性分组码的性能好（平均意义下）。因为二进制线性分组码随着码长趋向无穷时可以达到信道容量，所以这一结果也预示了，对于短码来说，码的构造起到了关键的作用。

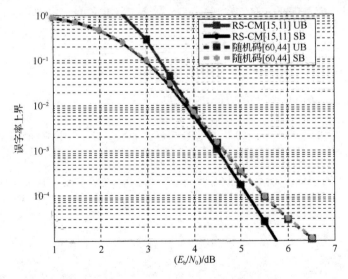

图 5-2　使用 BPSK 调制的 $C_{16}[15,11,5]$ RS-CM 集合（随机）的误字率的上界

例 5.2 我们使用与例 5.1 同样的码，但采用 16-QAM 调制，数值结果如图 5-3 所示。我们同样可以看到，在低信噪比时 SB 比 UB 要紧致。另外，在高信噪比时，我们并不需要使用相对复杂的 SB 来估计性能。在图 5-3 中还给出了基于 Chase-type 译码算法[64]的仿真结果，分别采用特定映射方式和随机映射方式。可以看出，采用随机映射的仿真曲线与解析界是吻合的，而采用特定映射的仿真曲线在高信噪比时比随机映射系统集合的上界稍微差些。通过对比也表明了 RS-CM 的性能好坏是与选择何种调制方式密切相关的。

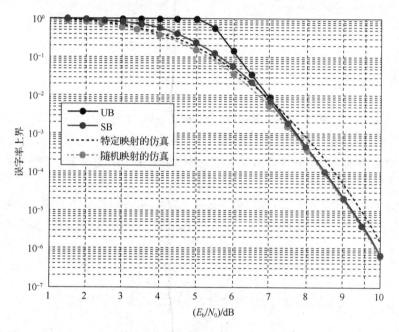

图 5-3　使用 16-QAM 调制的 C_{16}[15,11,5] RS-CM 集合（随机）的误字率的上界

例 5.3 我们使用与例 5.2 同样的 RS-CM 系统，但采用特定的调制而不是随机调制，数值结果如图 5-4 所示。图 5-4 中还给出了基于与例 5.2 相同算法[64]的仿真结果曲线。可以看出所有的曲线都几乎重合，这表明 Chase-type 译码算法是接近最优的。

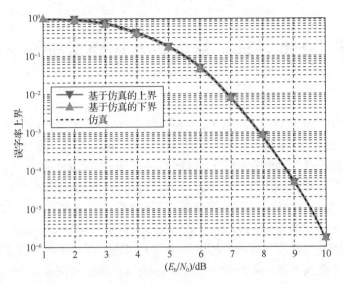

图 5-4　使用 16-QAM 调制的 $C_{16}[15,11,5]$ RS-CM 误字率的基于仿真的界

本 章 小 结

　　本章提出了使用随机调制的 RS-CM 系统集合的解析界，还提出了对于任意特定的 RS-CM 系统基于仿真的界。数值结果表明，至少对于短码来说，随机调制的 RS-CM 性能比随机线性分组码的性能要好。结果还表明 2013 年提出的 Chase-type 译码算法是接近最优的。

第 6 章　基于 GFBT 的线性分组码改进型上界技术

基于 GFBT 的上界技术，其 Gallager 区域的选择将直接影响该上界的松紧程度。当 Gallager 区域越接近发送码字的 Voronoi 区域，就越可能得到紧致的上界。传统的方法是选择规则的几何体作为 Gallager 区域，如高维平面[27]、高维球[28,30,32]、高维圆锥[33]等。然而利用欧氏距离设计的这些规则几何体并没有尽可能地逼近发送码字的 Voronoi 区域，因而直接导致了所推导的上界不够紧致。本章将提出一种新的设计理念，通过挖掘更多的码字空间分布信息来辅助 Gallager 区域的选择，将具有某些属性的接收向量构成的区域作为 Gallager 区域，避免由于几何体本身形状的局限性造成上界不紧致的情况发生。利用汉明距离提出基于非规则几何体的 Gallager 区域，并将此 Gallager 区域进行详细划分，最终求出每个小区域的上界。同时提出上界技术的封闭公式，使之具有高效运算的功能。

6.1　Gallager 区域的设计方法

本节基于次优列表译码算法提出了一种 Gallager 区域的设计方案。该方案利用汉明距离定义了 Gallager 区域，列表译码算法的具体描述如下。

算法 6.1　次优列表译码算法：

（1）对接受向量 $\underline{y}$ 的每个分量 $y_t(0 \leqslant t \leqslant n-1)$ 进行硬判决，即

$$\hat{y}_t = \begin{cases} 0, & y_t > 0 \\ 1, & y_t \leqslant 0 \end{cases} \tag{6.1}$$

因此，信道 $c_t \to \hat{y}_t$ 变成了一个无记忆二进制对称信道，该信道的交叉概率为

$$p_b \triangleq Q\left(\frac{1}{\sigma}\right)$$

（2）以 $\hat{\underline{y}}$ 为圆心，$d^* \geqslant 0$ 为半径画一个汉明球，把所有出现在汉明球里的码字放在一个列表中，记为 L_y。

（3）如果列表 L_y 是空的，则宣布译码失败，否则输出距离 $\underline{y}$ 最近的码字 $\underline{c}^* \in L_y$ 作为最终译码结果。

基于上述次优列表译码算法，我们定义 Gallager 区域：

$$R \triangleq \left\{ \underline{y} \mid \underline{c}^{(0)} \in L_y \right\} \qquad (6.2)$$

Gallager 区域 R 内的接收向量 $\underline{y}$ 具有的性质：经硬判决后，向量 $\hat{\underline{y}}$ 最多含有 d^* 个 1，即 $\hat{\underline{y}}$ 的汉明重量满足 $W_{\mathrm{H}}(\hat{\underline{y}}) \leqslant d^*$。

6.2　基于 GFBT 的汉明球形界技术

6.2.1　Gallager 区域的定义

与现存所有基于次优列表译码算法提出的上界不同，我们将所得到的Gallager 区域 R 进行更详细的划分，从而减少译码错误概率的重复计算，最终使得上界变紧致。

我们定义向量

$$\underline{y}_0^{d-1} = (y_0, \cdots, y_{d-1})$$

和

$$\underline{y}_d^{n-1} = (y_d, \cdots, y_{n-1})$$

进而可得如下引理。

引理 6.1　已知 i, j, d^* 都属于正整数，且 $i \leqslant d^*$，$j \leqslant d^*$，则对于所有的 $i + j \leqslant d^*$，有

$$R_{i,j} = \left\{ \underline{y} \mid W_{\mathrm{H}}(\hat{\underline{y}}_0^{d-1}) = i, W_{\mathrm{H}}(\hat{\underline{y}}_d^{n-1}) = j \right\} \qquad (6.3)$$

Gallager 区域 R 可以进行如下划分：

$$R = \bigcup_{i+j \leqslant d^*} R_{i,j} \qquad (6.4)$$

证明　由于 Gallager 区域 R 由所有向量 $\hat{\underline{y}}$ 组成，该向量最多含有 d^* 个 1，即 $\hat{\underline{y}}$ 的汉明重量满足 $W_{\mathrm{H}}(\hat{\underline{y}}) \leqslant d^*$，因此，引理 6.1 可证。

6.2.2　基于误帧率的汉明球形界

定义

$$B(p, N_t, N_1, N_u) \triangleq \sum_{m=N_1}^{N_u} \binom{N_t}{m} p^m (1-p)^{N_t - m} \qquad (6.5)$$

该表达式表示一个长度为 N_t 的二进制向量通过 BSC 信道（交叉概率为 p），出错的比特为 N_t（其范围 $N_1 \sim N_u$）的概率。函数 $B(p, N_t, N_1, N_u)$ 独立于码字，可以通过递归的方式进行计算。

我们有如下命题:

命题 6.1

$$\Pr\{E\} \leqslant \min_{0 \leqslant d^* \leqslant n} \left\{ \sum_{d \leqslant 2d^*} \Pr\{E_d, \underline{y} \in R\} + B(p_b, n, d^*+1, n) \right\} \quad (6.6)$$

证明   对于所有的 d^*,我们可得

$$\Pr\{E\} \leqslant \Pr\{E, \underline{y} \in R\} + \Pr\{\underline{y} \notin R\}$$

$$\leqslant \Pr\{E, W_H(\hat{\underline{y}}) \leqslant d^*\} + \Pr\{W_H(\hat{\underline{y}}) > d^*\}$$

式中,

$$\Pr\{E, W_H(\hat{\underline{y}}) \leqslant d^*\} \leqslant \Pr\left\{ \bigcup_{d \leqslant 2d^*} E_d, W_H(\hat{\underline{y}}) \leqslant d^* \right\}$$

$$\leqslant \sum_{d \leqslant 2d^*} \Pr\{E_d, W_H(\hat{\underline{y}}) \leqslant d^*\}$$

$$\Pr\{W_H(\hat{\underline{y}}) > d^*\} = \sum_{m=d^*+1}^{n} \binom{n}{m} p_b^m (1-p_b)^{n-m}$$

$$= B(p_b, n, d^*+1, n)$$

接下来,对于任意给定的 $d^* (0 \leqslant d^* \leqslant n)$ 和 d,我们将重点讨论如何确定下式是式(6.6)的上界:

$$\Pr\{E_d, \underline{y} \in R\}$$

不失一般性,我们假设 $A_d \geqslant 1$,所有重量为 d 的码字表示成 $\underline{c}^{(\ell)} (1 \leqslant \ell \leqslant A_d)$。设事件 $E_{0 \to \ell}$ 表示 $\underline{c}^{(\ell)}$ 比 $\underline{c}^{(0)}$ 距离接收向量 $\underline{y}$ 近。

定义

$$I_j = \left[0, \min \left\{ \left\lfloor d^* - \frac{d}{2} \right\rfloor, n-d \right\} \right] \quad (6.7)$$

$$I_i = [1, \min\{d-j, d\}] \quad (6.8)$$

$$u(d) = \max\{-1, -d - z_0 - \cdots - z_{d-2}\} \quad (6.9)$$

$$h(i,d) = \int_{-\infty}^{-1} f(z_0) \cdots \int_{-\infty}^{-1} f(z_{i-1}) \int_{-1}^{+\infty} f(z_i) \cdots \int_{-1}^{u(d)} f(z_{d-1}) \mathrm{d}z_{d-1} \cdots \mathrm{d}z_i \mathrm{d}z_{i-1} \cdots \mathrm{d}z_0 \quad (6.10)$$

式中,$f(x) = \dfrac{1}{\sqrt{2\pi}\sigma} \mathrm{e}^{-\frac{x^2}{2\sigma^2}}$ 表示 $N(0, \sigma^2)$ 的概率密度函数。

我们有如下定理。

定理 6.1

$$\Pr\{E_{0 \to 1}, \underline{y} \in R\} \leqslant \sum_{j \in I_j} \sum_{i \in I_i} \binom{d}{i} \binom{n-d}{j} p^j (1-p)^{n-d-j} h(i,d) \quad (6.11)$$

证明　不失一般性，假设 $\underline{c}^{(1)} \triangleq (\underbrace{1\cdots1}_{d}\underbrace{0\cdots0}_{n-d})$，即 $\underline{c}^{(1)}$ 的重量为 d。因此，只有向

量 $\underline{y}_0^{d-1}$ 可以导致事件 $E_{0\to1}$ 的发生。假设 $\hat{\underline{y}} = (\underbrace{1\cdots1}_{i}\underbrace{0\cdots0}_{d-i}\underbrace{1\cdots1}_{j}\underbrace{0\cdots0}_{n-d-j})$，$W_{\mathrm{H}}(\underline{y}_0^{d-1}) = i$ 和

$W_{\mathrm{H}}(\hat{\underline{y}}_d^{n-1}) = j$。因此，可得

$$d - i + j \leqslant d^*$$

又因为 $W_{\mathrm{H}}(\hat{\underline{y}}) \leqslant d^*(\underline{y} \in R)$，即

$$i + j \leqslant d^*$$

因此，通过计算，可得

$$1 \leqslant i \leqslant \min\{d^* - j, d\}$$

$$0 \leqslant j \leqslant \min\left\{\left\lfloor d^* - \frac{d}{2} \right\rfloor, n - d\right\}$$

因此，可得

$$\begin{aligned}
&\Pr\{E_{0\to1}, \underline{y} \in R\} \\
&\leqslant \Pr\{E_{0\to1}, \underline{y} \in \bigcup_{i+j\leqslant d^*} R_{i,j}\} \\
&\leqslant \sum_{j\in I_j}\sum_{i\in I_i}\Pr\{E_{0\to1}, \underline{y} \in R_{i,j}\} \\
&\leqslant \sum_{j\in I_j}\sum_{i\in I_i}\Pr\{E_{0\to1}, W_{\mathrm{H}}(\hat{\underline{y}}_0^{d-1}) = i, W_{\mathrm{H}}(\hat{\underline{y}}_d^{n-1}) = j\} \\
&\leqslant \sum_{j\in I_j}\sum_{i\in I_i}\binom{d}{i}\binom{n-d}{j}\Pr\{E_{0\to1}, \hat{\underline{y}}^*\} \\
&\leqslant \sum_{j\in I_j}\sum_{i\in I_i}\binom{d}{i}\binom{n-d}{j}\Pr\{E_{0\to1}, \hat{\underline{y}}_0^{*d-1}\}\Pr\{\hat{\underline{y}}_d^{*n-1}\}
\end{aligned} \tag{6.12}$$

式中，

$$\begin{aligned}
&\Pr\{E_{0\to1}, \hat{\underline{y}}_0^{*d-1}\} \\
&\leqslant \Pr\left\{\sum_{t=0}^{d-1} y_t \leqslant 0, y_0 \leqslant 0, \cdots, y_{i-1} \leqslant 0, y_i > 0, \cdots, y_{d-1} > 0\right\} \\
&\leqslant \Pr\left\{\sum_{t=0}^{d-1} z_t \leqslant d, z_0 \leqslant -1, \cdots, z_{i-1} \leqslant -1, z_i > -1, \cdots, z_{d-1} > -1\right\} \\
&\leqslant \int_{-\infty}^{-1} f(z_0)\cdots\int_{-\infty}^{-1} f(z_{i-1})\int_{-1}^{+\infty} f(z_i)\cdots\int_{-1}^{u(d)} f(z_{d-1})\mathrm{d}z_{d-1}\cdots\mathrm{d}z_i\mathrm{d}z_{i-1}\cdots\mathrm{d}z_0
\end{aligned} \tag{6.13}$$

$$\Pr\{\hat{\underline{y}}_d^{*n-1}\} = p^j(1-p)^{n-d-j} \tag{6.14}$$

将式（6.13）和式（6.14）代入式（6.12），定理即可证明。

定理 6.2

$$\Pr\{E_d, \underline{y} \in R\} \leqslant A_d \sum_{j \in I_j} \sum_{i \in I_i} \binom{d}{i} \binom{n-d}{j} p^j (1-p)^{n-d-j} h(i,d) \qquad (6.15)$$

证明   通过定理 6.1 和最大似然译码错误时间对称性原理，定理 6.2 即可证明。
定义

$$h(A_d) = A_d \sum_{j \in I_j} \sum_{i \in I_i} \binom{d}{i} \binom{n-d}{j} p^j (1-p)^{n-d-j} h(i,d)$$

定理 6.3   基于误帧率的汉明球形界为

$$\Pr\{E\} \leqslant \min_{0 \leqslant d^* \leqslant n} \left\{ \sum_{d \leqslant 2d^*} h(A_d) + B(p_b, n, d^*+1, n) \right\}$$

证明   结合定理 6.2 和命题 6.1，定理 6.3 即可证明。

本节所提出的汉明球形界技术不仅可以估计特定码的性能，还可以估计随机码的性能。由于随机码的平均重量谱可能不是一个整数，因此，本节将针对随机码进行下列推导。

考虑到一个概率分布为 $\Pr\{C\}$ 的随机码 C，设 $\{A_d^C\}$ 为特定码 C 的重量谱，则 $A_d = \sum_C \Pr\{C\} A_d^C$ 就是该随机码的平均重量谱。

定理 6.4   基于误帧率的随机码 C 的汉明球形界为

$$\Pr\{E\} \leqslant \min_{0 \leqslant d^* \leqslant n} \left\{ \sum_{d \leqslant 2d^*} h(A_d) + B(p_b, n, d^*+1, n) \right\} \qquad (6.16)$$

证明   对于任意给定的 d^*，我们有

$$\Pr\{E\} = \sum_C \Pr\{C\} \Pr\{E \mid C\}$$

$$\leqslant \sum_C \Pr\{C\} \left\{ \sum_{d \leqslant 2d^*} h(A_d^C) + B(p_b, n, d^*+1, n) \right\}$$

$$\leqslant \sum_{d \leqslant 2d^*} h(A_d) + B(p_b, n, d^*+1, n)$$

注：参数 d 越大，上界式（6.15）和式（6.16）的计算复杂度就越高。

6.2.3   基于误比特率的汉明球形界

定义

$$A_d' \triangleq \sum_i \frac{i}{k} A_{i,d}$$

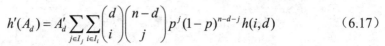

$$h'(A_d) = A'_d \sum_{j \in I_j} \sum_{i \in I_i} \binom{d}{i} \binom{n-d}{j} p^j (1-p)^{n-d-j} h(i,d) \qquad (6.17)$$

可以得到如下定理。

定理 6.5　基于误比特率的汉明球形界为

$$\Pr\{E\} \leqslant \min_{0 \leqslant d^* \leqslant n} \left\{ \sum_{d \leqslant 2d^*} h'(A_d) + B(p_b, n, d^*+1, n) \right\} \qquad (6.18)$$

证明　假设发送端的输入信号为 $\underline{U}$，译码器在接收端的输出二进制向量为 $\hat{\underline{U}} \in F_2^k$，该译码器的误比特率可以定义[89]为

$$P_b \triangleq \frac{1}{k} \sum_{0 \leqslant i \leqslant k-1} \Pr\{\hat{u}_i \neq u_i\} \qquad (6.19)$$

当假设全零码字为发送码字时，误比特率可以写成

$$P_b = E\left\{ \frac{W_H(\hat{\underline{U}})}{k} \right\} \qquad (6.20)$$

式中，E 表示求解数学期望。

假设执行算法 6.1（次优列表译码算法）。不失一般性，当算法 6.1 宣告译码失败时，我们假设 $\hat{\underline{U}}$ 是均匀随机分布在 F_2^k 中。在 6.1 节，我们定义了 Gallager 区域 $R = \left\{ \underline{y} \mid \underline{c}^{(0)} \in L_y \right\}$。本节我们假设 Gallager 区域的一个划分为 $R = \bigcup_d R_d$，其中，$\underline{y} \in R_d$ 当且仅当算法 6.1 输出一个重量为 d 的码字。因此，

$$kP_b = \Pr\{\underline{y} \in R\} E\left\{ W_H(\hat{\underline{U}}) \mid \underline{y} \in R \right\} + \Pr\{\underline{y} \notin R\} E\left\{ W_H(\hat{\underline{U}}) \mid \underline{y} \notin R \right\}$$

$$\leqslant \Pr\{\underline{y} \in R\} E\left\{ W_H(\hat{\underline{U}}) \mid \underline{y} \in R \right\} + k \Pr\{\underline{y} \notin R\}$$

$$\leqslant \sum_{d \leqslant 2d^*} \Pr\{\underline{y} \in R\} E\left\{ W_H(\hat{\underline{U}}) \mid \underline{y} \in R \right\} + kB(p_b, n, d^*+1, n) \qquad (6.21)$$

式中，$E\left\{ W_H(\hat{\underline{U}}) \mid \underline{y} \notin R \right\} \leqslant k$。

因此，我们可以得到

$$\Pr\{\underline{y} \in R\} E\left\{ W_H(\hat{\underline{U}}) \mid \underline{y} \in R_d \right\}$$

$$\leqslant kA'_d \sum_{j \in I_j} \sum_{i \in I_i} \binom{d}{i} \binom{n-d}{j} p^j (1-p)^{n-d-j} h(i,d)$$

$$= kh'(A_d) \qquad (6.22)$$

将式（6.22）代入式（6.21）中，并对式（6.21）两边同时优化 d^*，我们可以得到

$$kP_b \le \min_{0 \le d^* \le n} \left\{ \sum_{d \le 2d^*} kh'(A_d) + kB(p_b, n, d^*+1, n) \right\} \qquad (6.23)$$

式（6.23）两边都除以信息位长度 k，定理 6.5 即可得证。

注：定理 6.5 提出的基于误比特率的汉明球形界技术可以应用于所有的译码错误概率上界的计算。

6.2.4 主要程序实现

本节给出基于误帧率的汉明球形界的主要程序。

```
int main(int argc, char* argv[])
{
    my_code.Initialize();
    double Fer;                  //误帧率上界
    double snrdB;                //信噪比(dB)
    double snr;
    double var;
    double Pe_min;
    double p;
    int d, count, i,t,j,s;
    int d_good[d_snr], d_star;
    int l_max;
    LogReal FerLog;
    LogReal Q;
    LogReal temp1;
    LogReal pe_second;
    LogReal pe_first;
    LogReal sum_result;         //存储排序相加后的结果
    LogReal *fer_array;         //存储待排序的数据
    LogReal *array1;
    LogReal one;
    LogReal sum_temp1,sum_temp2,sum_temp3,sum_temp;
    double *z;
    double z_up,z_down;
    z = new double [my_code.code_length];
    one.signx = 1;
    one.logx = 1;
    fer_array = new LogReal [my_code.code_length];
    array1 = new LogReal [my_code.code_length];
    FILE *fp;
    //将计算出来的最终结果输出到文件"performance.txt"中
    fp = fopen("performance.txt", "a+");
    fprintf(fp, "\n\n\nsnrdB *** FER \n");
```

```
    for(s = 0,snrdB = my_code.minimum_snr; snrdB < my_code.
maximum_snr+ 0.5 * my_code.increment_snr; snrdB += my_code.
increment_snr,s++)
{
        fprintf(fp, "\n%g    ", snrdB);
        fprintf(stdout, "\nsnrdB = %g    ", snrdB);
        snr = pow(10, 0.1*snrdB);
        var = 1/(2* my_code.code_rate * pow(10,(0.1*snrdB)));

        z_up = 7 * sqrt(var);
        z_down = -7 * sqrt(var);
        FerLog.signx = 0;
        Pe_min = 1;
        p = FunctionQ(sqrt(1/var));   //已经是对数形式了

        for(d_star = 0; d_star <= my_code.code_length; d_star++)
        {
            pe_second = BSC_error_pro(my_code.code_length,+
d_star 1,my_code.code_length,p);
            pe_first.signx = 0;

            for(d = 1 ; d <= min(2 * d_star, my_code.code_length);
d++)
            {
                sum_temp.signx = 0;
                if(d == 1)
                {
                  for(i = 0; i < d; i++)//y 的前 d 项有 d-i 个 1
                  {
                    //y 的后 n-d 项有 j 个 1
                    for(j = 0; j <= my_code.code_length-d; j++)
                    {
                        if((i + j <= d_star)&&(d - i + j <= d_star))
                        //全零码字和 c1 都在汉明球内
                        {
                        Q.signx = 1;
                        Q.logx = FunctionQ(sqrt(2 * d * my_code.
code_rate * snr));
                        sum_temp1 = LogRealMult(my_code. Sd->
LogCoeff[d], Q);
                            //后 n-d 项用二项式的形式表示
                        sum_temp2.signx = 1;
                        sum_temp2.logx = j * p +(my_code.
code_ length - d - j)* log(1.0 - exp(p));
```

```
                                sum_temp2 = LogRealMult(sum_temp2,
    Nchoosek_log (my_code.code_length - d, j));
                                sum_temp2 = LogRealMult(sum_temp2,
    sum_temp1);

                                sum_temp = LogRealAdd(sum_temp,
    sum_temp2);

                        }
                    }
                }
            }
            else
            {
                for(i = 0; i < d; i++)          //y 的前 d 项有 d-i 个 1
                {
                    for(j = 0; j <= my_code.code_length-d; j++)
                    //y 的后 n-d 项有 j 个 1
                    {
                        if((i + j <= d_star)&&(d - i + j <= d_star))
                        //全零码字和 c1 都在汉明球内
                        {

                            if(d <= 4)
                            {
                                for(t = 0;t<d;t++)  //设定积分的下界值
                                {
                                    if(t < i) z[t] = -1;
                                    //d 项的前 i 个是 0，所以对应的 z 的下界是-1
                                    else z[t] = z_down;
                                    //d 项的前 d-i 个是 1，所以对应的 z 的下界
    是负无穷

                                }
                                sum_temp1 = integral(d,0,i,z,var);
                                //最内层的积分 z 的下界是负无穷

                                sum_temp1 = LogRealMult(LogRealMult
    (Nchoosek_log(d,i), sum_temp1),my_code.Sd->LogCoeff[d]);
                            }
                            else
                            {
                                Q.signx = 1;
                                Q.logx = FunctionQ(sqrt(2 * d * my_
    code.code_rate * snr));
```

```
                          sum_temp1 - LogRealMult(my_code.
Sd->LogCoeff[d], Q);
                  }
                  //后 n-d 项用二项式的形式表示
                  sum_temp2.signx = 1;
                  sum_temp2.logx = j * p +(my_code.code_
length - d - j)* log(1.0 - exp(p));
                  sum_temp2 = LogRealMult(sum_temp2,
Nchoosek_log(my_code.code_length - d, j));

                  sum_temp2 = LogRealMult(sum_temp2,
sum_temp1);

                  sum_temp = LogRealAdd(sum_temp, sum_
temp2);
              }
          }
        }
      }

      pe_first = LogRealAdd(pe_first,sum_temp);
    }
    FerLog = LogRealAdd(pe_first, pe_second);
    Fer = FerLog.signx * exp(FerLog.logx);
    if(Pe_min > Fer)
    {
        Pe_min = Fer;
        d_good[s] = d_star;
    }
  }
  fprintf(fp, "%.18e", Pe_min);
}
fclose(fp);
fp = fopen("d_star.txt", "a+");
fprintf(fp, "\n\n\nsnrdB *** d_star \n");

for(i = 0; i<(my_code.maximum_snr - my_code.minimum_snr)/
my_code.increment_snr +1;i++)
  {
      fprintf(fp, "%2.2lf  ", my_code.minimum_snr + i * my_
code.increment_snr);
```

```
        fprintf(fp, "%d\n", d_good[i] );
    }
    fclose(fp);
    my_code.p.Free(my_code.Sd);
    delete my_code.Sd;
    delete []fer_array;
    delete []array1;
    printf("Hello World!\n");
    return 0;
}
```

6.2.5 应用实例

图 6-1 和图 6-2 给出了最大似然译码误帧率上界之间的比较。图 6-1 是针对 [100,95]随机码，图 6-2 是针对[63,39]BCH 码。参与比较的上界有球形界（SB[28] 或 KSB[30]）、TSB[33]、Divsalar 界[32]、Ma 上界[36]、Liu 上界[37]和本节提出的汉明 球形界［式（6.16）］（为了降低计算复杂度，设置 $d = 5$）。

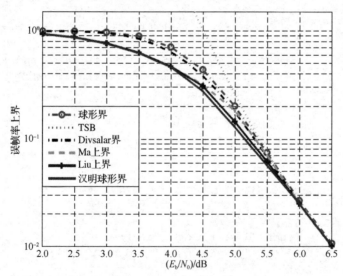

图 6-1 [100,95]随机码的最大似然译码误帧率上界的比较

（本节提出的汉明球形界技术和其他现存上界技术）

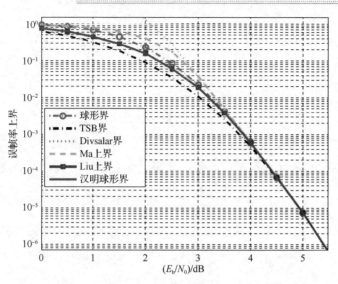

图 6-2　[63,39]BCH 码的最大似然译码误帧率上界的比较

（本节提出的汉明球形界技术和其他现存上界技术）

通过图 6-1 和图 6-2 可知，本节所提出的汉明球形界比球形界（SB 或 KSB）、Divsalar 界、Ma 上界和 Liu 上界都要紧致。同时，我们还可以看到，对于随机码 [100,95]而言，在低信噪比区域，本节所提出的汉明球形界比 TSB 更紧致；而对于[63,39]BCH 码而言，本节所提出的汉明球形界比 TSB 宽松。这与计算结果一致（见文献[90]中的图 3），即 TSB 随着编码速率的增加，在误差指数方面变得更松散。

6.3　基于 GFBT 的简单上界技术

本节推导了基于 AWGN 信道的闭式帧误码概率上界技术，该上界不需要任何积分形式，具有快速计算的功能。本节所提出的简单上界基于 Gallager 第一界技术的框架，其中"好区域"是由一个次优列表解码算法定义的。在好区域内产生的译码错误概率可以用截短重量谱进行计算，其中，我们可以通过收集更多关于接收信号矢量的信息（这些信息会导致错误事件），并利用错误事件与接收信号矢量的某些分量之间的独立性，来推导紧致的上界。由于数值计算结果表明，本节提出的简单上界比 Divsalar 上界（不需要任何积分和优化运算）和 TSB 更紧致，因此被认为是较紧致的上界之一。

6.3.1 Gallager 区域的定义

本节将采用 Ma 等[36]提出的次优列表译码算法（算法 2.1）定义如下最优区域：

$$R \triangleq \left\{ \underline{y} \mid \underline{c}^{(0)} \in L_y \right\}$$

因此，对于所有给定的 d 和 d^*，我们只需要计算 $\Pr\left\{ E_b, W_{\mathrm{H}}(\hat{\underline{y}}) \leqslant d^* \right\}$ 的概率上界。与文献[36]的区别在于，我们发现导致错误译码硬判决 $\hat{y}$ 的汉明重量不会大于 $\left\lfloor d^* - \dfrac{d}{2} \right\rfloor$，可以利用这个事实来进一步减少译码错误概率重复区域累次计算的可能性，从而提高上界技术的紧致性。不失一般性，我们假设 $A_d \geqslant 1$，所有重量为 d 的码字表示成 $\underline{c}^{(\ell)}(1 \leqslant \ell \leqslant A_d)$。设事件 $E_{0 \to \ell}$ 表示 $\underline{c}^{(\ell)}$ 比 $\underline{c}^{(0)}$ 距离接收向量 $\underline{y}$ 近。

6.3.2 基于误帧率的简单上界技术

引理 6.2

$$\Pr\{E_d, W_{\mathrm{H}}(\hat{\underline{y}}) \leqslant d^*\} \leqslant \frac{A_d \cdot \mathrm{e}^{-\frac{x^2}{2\sigma^2}} \sigma}{\sqrt{2\pi d}} B\left(p_b, n-d, 0, \left\lfloor d^* - \frac{d}{2} \right\rfloor \right) \tag{6.24}$$

证明 不失一般性，假设 $\underline{c}^{(1)} \triangleq (\underbrace{1 \cdots 1}_{d} \underbrace{0 \cdots 0}_{n-d})$，$\underline{y}_0^{d-1} \triangleq (y_0, \cdots, y_{d-1})$，$\underline{y}_d^{n-1} \triangleq (y_d, \cdots, y_{n-1})$。显然，只有 $\underline{y}_0^{d-1}$ 可以产生错误时间 $E_{0 \to 1}$。设 $W_{\mathrm{H}}(\hat{\underline{y}}_0^{d-1}) = i$ 和 $W_{\mathrm{H}}(\hat{\underline{y}}_d^{n-1}) = j$，则我们有 $\hat{y} = (\underbrace{1 \cdots 1}_{i} \underbrace{0 \cdots 0}_{d-i} \underbrace{01 \cdots 1}_{j} \underbrace{0 \cdots 0}_{n-d-j})$。因为 $W_{\mathrm{H}}(\underline{c}^{(1)} - \hat{\underline{y}}) \leqslant d^*$，所以 $d - i + j \leqslant d^*$。又因为 $W_{\mathrm{H}}(\hat{\underline{y}}) \leqslant d^* (\underline{y} \in R)$，所以 $i + j \leqslant d^*$。所以我们可以验证 $j \leqslant \left\lfloor d^* - \dfrac{d}{2} \right\rfloor$。因此，我们有

$$\Pr\{E_{0 \to 1}, W_{\mathrm{H}}(\hat{\underline{y}}) \leqslant d^*\} \leqslant \sum_{j \leqslant \left\lfloor d^* - \frac{d}{2} \right\rfloor} \Pr\{E_{0 \to 1}, W_{\mathrm{H}}(\hat{\underline{y}}_0^{d-1}) \leqslant d^* - j, W_{\mathrm{H}}(\hat{\underline{y}}_d^{n-1}) = j\}$$

$$\leqslant \sum_{j \leqslant \left\lfloor d^* - \frac{d}{2} \right\rfloor} \Pr\{E_{0 \to 1}, W_{\mathrm{H}}(\hat{\underline{y}}_d^{n-1}) = j\}$$

$$= \Pr\{E_{0 \to 1}\} \sum_{j \leqslant \left\lfloor d^* - \frac{d}{2} \right\rfloor} \Pr\{W_{\mathrm{H}}(\hat{\underline{y}}_d^{n-1}) = j\}$$

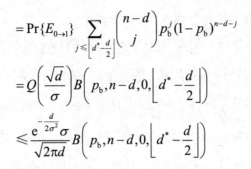

$$= \Pr\{E_{0\to1}\} \sum_{j \leq \left\lfloor d^* - \frac{d}{2} \right\rfloor} \binom{n-d}{j} p_b^j (1-p_b)^{n-d-j}$$

$$= Q\left(\frac{\sqrt{d}}{\sigma}\right) B\left(p_b, n-d, 0, \left\lfloor d^* - \frac{d}{2} \right\rfloor\right)$$

$$\leq \frac{\mathrm{e}^{-\frac{d}{2\sigma^2}} \sigma}{\sqrt{2\pi d}} B\left(p_b, n-d, 0, \left\lfloor d^* - \frac{d}{2} \right\rfloor\right)$$

式中，

$$Q(x) \leq \frac{\mathrm{e}^{-\frac{x^2}{2}}}{\sqrt{2\pi}x}$$

根据 UB 的对称性质，我们可得

$$\Pr\{E_d, W_H(\hat{\underline{y}}) \leq d^*\} = \Pr\left\{\bigcup_{1 \leq \ell \leq A_d} E_{0\to\ell}, W_H(\hat{\underline{y}}) \leq d^*\right\}$$

$$\leq \sum_{1 \leq \ell \leq A_d} \Pr\left\{E_{0\to\ell}, W_H(\hat{\underline{y}}) \leq d^*\right\}$$

$$= A_d \Pr\left\{E_{0\to1}, W_H(\hat{\underline{y}}) \leq d^*\right\}$$

$$\leq A_d Q\left(\frac{\sqrt{d}}{\delta}\right) B\left(p_b, n-d, 0, \left\lfloor d^* - \frac{d}{2} \right\rfloor\right)$$

$$\leq \frac{A_d \cdot \mathrm{e}^{-\frac{d}{2\sigma^2}} \sigma}{\sqrt{2\pi d}} B\left(p_b, n-d, 0, \left\lfloor d^* - \frac{d}{2} \right\rfloor\right)$$

定理 6.6　基于误帧率的简单上界为

$$\Pr\{E\} \leq \min_{0 \leq d^* \leq n}\left\{\sum_{d \leq 2d^*} \frac{A_d \cdot \mathrm{e}^{-\frac{d}{2\sigma^2}} \sigma}{\sqrt{2\pi d}} B\left(p_b, n-d, 0, \left\lfloor d^* - \frac{d}{2} \right\rfloor\right) + B(p_b, n, d^*+1, n)\right\} \quad (6.25)$$

证明　通过联合引理 6.2 和命题 6.1，定理 6.6 即可证明，这里不再赘述。

6.3.3　基于误比特率的简单上界技术

定理 6.7　基于误比特率的简单上界为

$$\Pr\{E\} \leq \min_{0 \leq d^* \leq n}\left\{\sum_{d \leq 2d^*} \frac{A_d' \cdot \mathrm{e}^{-\frac{d}{2\sigma^2}} \sigma}{\sqrt{2\pi d}} B\left(p_b, n-d, 0, \left\lfloor d^* - \frac{d}{2} \right\rfloor\right) + B(p_b, n, d^*+1, n)\right\} \quad (6.26)$$

证明 当我们执行算法 6.1 时，可以得到

$$kP_b = \Pr\{\underline{y} \in R\} E\{W_H(\hat{\underline{U}}) \mid \underline{y} \in R\} + \Pr\{\underline{y} \notin R\} E\{W_H(\hat{\underline{U}}_t) \mid \underline{y} \notin R\}$$

$$\leqslant \Pr\{\underline{y} \in R\} E\{W_H(\hat{\underline{U}}) \mid \underline{y} \in R\} + k \Pr\{\underline{y} \notin R\}$$

$$\leqslant \sum_{d \leqslant 2d^*} \Pr\{\underline{y} \in R_d\} E\{W_H(\hat{\underline{U}}) \mid \underline{y} \in R_d\} + kB(p_b, n, d^*+1, n) \qquad (6.27)$$

我们假设 Gallager 区域的一个划分为 $R = \bigcup_d R_d$，其中，$\underline{y} \in R_d$ 当且仅当算法 6.1 输出一个重量为 d 的码字。因此，我们可以得到

$$\Pr\{\underline{y} \in R_d\} E\{W_H(\hat{\underline{U}}) \mid \underline{y} \in R_d\}$$

$$\leqslant kA_d' Q\left(\frac{\sqrt{d}}{\sigma}\right) B(p_b, n-d, 0, d^*-1)$$

$$\leqslant \frac{kA_d' \cdot e^{-\frac{d}{2\sigma^2}} \sigma}{\sqrt{2\pi d}} B\left(p_b, n-d, 0, \left\lfloor d^* - \frac{d}{2} \right\rfloor\right) \qquad (6.28)$$

将式（6.28）代入式（6.27）中，通过遍历 d^*，我们取整个式子的最小值，即

$$kP_b \leqslant \min_{0 \leqslant d^* \leqslant n} \left\{ \sum_{d \leqslant 2d^*} \frac{kA_d' e^{-\frac{d}{2\sigma^2}} \sigma}{\sqrt{2\pi d}} B\left(p_b, n-d, 0, \left\lfloor d^* - \frac{d}{2} \right\rfloor\right) + kB(p_b, n, d^*+1, n) \right\}$$

不等式两边同时除以 k 后，定理 6.7 即可得证。

6.3.4　主要程序实现

下面给出基于误帧率的简单上界的主要程序。

```
int main(int argc, char* argv[])
{
    my_code.Initialize();
    double Fer;                  //误帧率上界
    double snrdB;                //信噪比(dB)
    double snr;
    double var;
    double Pe_min;
    double p;
    int d, count,count1, s, i;
    int d_good[d_snr], d_star;
    int l_max;
    LogReal FerLog;
    LogReal Q;
    LogReal temp1;
```

```
LogReal pc_second;
LogReal pe_first;
LogReal sum_result;        //存储排序相加后的结果
LogReal *fer_array;        //存储待排序的数据
LogReal *array1;
LogReal one;
one.signx = 1;
one.logx = 1;
fer_array = new LogReal [my_code.code_length];
array1 = new LogReal [my_code.code_length];
FILE *fp;
fp = fopen("performance.txt", "a+");
//将计算出来的最终结果输出于文件"performance.txt"中
fprintf(fp, "\n\n\nsnrdB *** FER \n");
for(s = 0,snrdB = my_code.minimum_snr; snrdB < my_code.
maximum_snr + 0.5 * my_code.increment_snr; snrdB += my_code.
increment_snr,s++)
    {
    fprintf(fp, "\n%g    ", snrdB);
    fprintf(stdout, "\nsnrdB = %g    ", snrdB);
    snr = pow(10, 0.1*snrdB);
    var = 1/(2* my_code.code_rate * pow(10,(0.1*snrdB)));
    FerLog.signx = 0;
    Pe_min = 1;
    p = FunctionQ(sqrt(1/var));
    //FunctionQ()函数用其上界 exp(-x * x / 2)/(sqrt(2 * pi)* x)
    //直接计算，所求解的值已经是对数形式的
    for(d_star = 0; d_star <= my_code.code_length; d_star++)
        {
        pe_second = BSC_error_pro(my_code.code_length,d_star +
1,my_code.code_length,p);
        count = 0;
        pe_first.signx = 0;
        for(d = 1; d <= min(2 * d_star, my_code.code_length);
d++)
            {
            if(my_code.Sd->LogCoeff[d].signx != 0)
                {
                Q.signx = 1;
                Q.logx = FunctionQ(sqrt(2 * d * my_code.
code_rate * snr));
                pe_first = LogRealMult(my_code.Sd->LogCoeff[d],
Q);
                l_max = min(my_code.code_length-d,d_star-int
```

```
((d+1)/2));
                    temp1 = BSC_error_pro(my_code.code_length-d,
0,1_max,p);
                    pe_first = LogRealMult(pe_first, temp1);
                    fer_array[count] = pe_first;
                    count++;
                }
            }
            if(count != 0)
            {
                //是对数上的排序、相加
                sum_result = LinkSort(count,fer_array);
                pe_first = sum_result;
            }
            FerLog = LogRealAdd(pe_first, pe_second);
            Fer = FerLog.signx * exp(FerLog.logx);
            if(Pe_min > Fer)
            {
                Pe_min = Fer;
                d_good[s] = d_star;
            }
        }
        fprintf(fp, "%.18e", Pe_min);
    }
    fclose(fp);
    fp = fopen("d_star.txt", "a+");
    fprintf(fp, "\n\n\nsnrdB *** d_star \n");

    for(i = 0; i<(my_code.maximum_snr - my_code.minimum_snr)/
my_code.increment_snr +1;i++)
    {
        fprintf(fp, "%2.2lf  ", my_code.minimum_snr + i * my_
code.increment_snr);
        fprintf(fp, "%d\n", d_good[i] );
    }
    fclose(fp);
    my_code.p.Free(my_code.Sd);
    delete my_code.Sd;
    delete []fer_array;
    delete []array1;
        printf("Hello World!\n");
    return 0;
}
```

6.3.5　应用实例

图 6-3 给出了[100,95]随机码的最大似然译码误帧率上界的比较，参与比较的上界技术包括本节所提出的简单上界和 Divsalar 上界[32]、Ma 上界[36]和 TSB[33]。通过数据分析我们得知，本节所提出的简单上界比 Divsalar 上界、Ma 上界和 TSB 都要紧致。因此，本节所提出的简单上界不仅具有简单计算的优势，还具有紧致的特点。

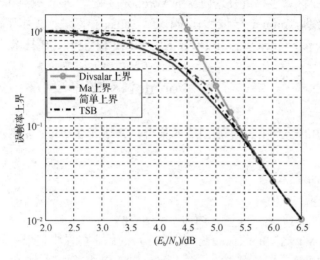

图 6-3　[100,95]随机码的最大似然译码误帧率上界的比较
（本节提出的简单上界技术和其他现存上界技术）

本 章 小 结

首先，本章提出了 Gallager 区域的深度划分思想，从而提出了基于 GFBT 的汉明球形界推导框架。所提出的汉明球形界只需得到码的部分重量谱即可计算，同时可以适用于随机码的性能分析中。通过仿真结果可知，所提出的基于 GFBT 的汉明球形界技术比球形界（SB 或 KSB）、Divsalar 界、Ma 上界和 Liu 上界都要紧致，甚至在高编码率下比 TSB 还紧致。其次，本章提出了二进制线性分组码简单上界技术的计算方法，该上界技术不仅具有封闭解，而且具有紧致的特点，可以应用于未知整个重量谱纠错码性能时的快速分析中。

第 7 章　基于 Voronoi 区域的 GFBT 改进方法

著名学者 Sason[26]曾说过，Gallager 区域的选择将直接影响上界技术的收紧程度。当 Gallager 区域越接近发送码字的 Voronoi 区域[24,25]时，就越可能得到紧致的上界。本章借助 Voronoi 区域优化设计了 Gallager 区域，提出了改进型球形界（improved sphere boundary，ISB），改进了 SB 技术[28]和 KSB 技术[30]。

7.1　Voronoi 区域

考虑 $\mathbb{R}^n$ 中的一个由 M 个点组成的集合，$\mathbb{R}$ 表示实数域；n 表示正整数，即

$$C = (\underline{c}^1, \underline{c}^1, \cdots, \underline{c}^M) \tag{7.1}$$

式中，M 表示正整数。

定义

$$d(\underline{u}, \underline{v}) = \| \underline{u} - \underline{v} \| \tag{7.2}$$

为两个向量 $\underline{u}$ 和 $\underline{v}$ 之间的欧氏距离。纠错码 C 的码字可以将整个空间 $\mathbb{R}^n$ 划分成多个 Voronoi 区域。

我们将码字 $\underline{c}^i \in C$ 的 Voronoi 区域 Ω_i 定义为如下 $\mathbb{R}^n$ 中的集合，即

$$\Omega_i = \{ \underline{x} \in \mathbb{R}^n \mid d(\underline{x}, \underline{c}^i) \leqslant d(\underline{x}, \underline{c}), \forall \underline{c} \in C \} \tag{7.3}$$

空间 $\mathbb{R}^n$ 中的向量可以属于纠错码 C 中两个码字或多个码字中 Voronoi 区域的边界，但是没有任何向量同时属于两个码字或多个码字中 Voronoi 区域的内部。分组码的 Voronoi 区域在 AWGN 信道上码的性能分析中起着举足轻重的作用。由式（7.3）定义的 Voronoi 区域是 $M-1$ 半空间的交点，因此，它是一个 n 维凸区域。

7.2　球形界 KSB 和球形界 SB 的等价性的证明

2016 年，Zhao 等[29]证明了 Herzberg 等提出的 SB[28]等价于 Kasami 等于 1992 年提出的 KSB[30]。本节将采用余弦定理及 3 个码字组成一个非钝角三角形的理论，详细证明 KSB 等价于 SB。我们声明 KSB 属于 Gallager 第一上界技术，并且相比于 SB，KSB 具有较低的计算复杂度。

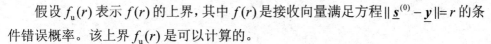

假设 $f_\mathrm{u}(r)$ 表示 $f(r)$ 的上界，其中 $f(r)$ 是接收向量满足方程 $\| \underline{s}^{(0)} - \underline{y} \| = r$ 的条件错误概率。该上界 $f_\mathrm{u}(r)$ 是可以计算的。

引理 7.1　KSB 可以写成

$$\Pr\{E\} \leqslant \int_0^{+\infty} g(r) \min\{f_\mathrm{u}(r), 1\} \mathrm{d}r$$

式中，

$$g(r) = \frac{2r^{n-1}\mathrm{e}^{-\frac{r^2}{2\sigma^2}}}{2^{\frac{n}{2}} \sigma^n \Gamma\left(\dfrac{n}{2}\right)}$$

$$f_\mathrm{u}(r) = \sum_{d=1}^{N(r)} A_d \frac{\Gamma\left(\dfrac{n}{2}\right)}{\sqrt{\pi}\, \Gamma\left(\dfrac{n-1}{2}\right)} \int_0^{\theta_d} \sin^{n-2}\phi\, \mathrm{d}\phi$$

证明　通过证明 $A_d(r) = A_d$ ，即 $C_d(r) = C_d$ ，本引理就可以得到证明。

其中，$A_d(r)$ 表示 $C_d(r) \subseteq C_d$ 中码字的个数，$C_d(r) \triangleq C_d - C_d'$ ，C_d' 包含了所有满足下列条件的码字：

（1）

$$\| \underline{s}^{(j)} - \underline{s}^{(0)} \| \geqslant \| \underline{s}^{(i)} - \underline{s}^{(0)} \| + \| \underline{s}^{(i)} - \underline{s}^{(j)} \|$$

（2）三角形 $\underline{s}^{(0)} \underline{s}^{(i)} \underline{s}^{(j)}$ 的外接圆的半径不小于 r 。

角度 θ 是向量 $\underline{s}^{(i)} \underline{s}^{(0)}$ 和 $\underline{s}^{(i)} \underline{s}^{(j)}$ 的夹角。因为任意 3 个码字经过 BPSK 调制后可以组成一个非钝角三角形，所以，由余弦定理，我们可以得到

$$\| \underline{s}^{(j)} - \underline{s}^{(0)} \|^2 \leqslant \| \underline{s}^{(i)} - \underline{s}^{(0)} \|^2 + \| \underline{s}^{(i)} - \underline{s}^{(j)} \|^2$$

当 $\theta = \dfrac{\pi}{2}$ 时，上式等式成立。假设 R 是三角形 $\underline{s}^{(0)} \underline{s}^{(i)} \underline{s}^{(j)}$ 外接圆的半径，当 $\theta = \dfrac{\pi}{2}$ 时，有

$$R = \frac{\| \underline{s}^{(j)} - \underline{s}^{(0)} \|}{2} = \frac{r}{2} < r$$

我们可以得到 $C_d' = \varnothing$ ，因此，引理 7.1 得证。

通过引理 7.1 可知，KSB 可以将译码错误概率 $\Pr\{E, \underline{y} \in \partial R(r)\}$ 分成两部分：一部分是事件 $\{\underline{y} \in \partial R(r)\}$ 的概率，可以通过求 $g(r)$ 得到；另一部分是当事件 $\{\underline{y} \in \partial R(r)\}$ 发生时的译码错误概率的上界，可以通过计算如下表达式得到

$$f(r) = \Pr\{E \mid \underline{y} \in \partial R(r)\} \leqslant \min\{f_\mathrm{u}(r), 1\}$$

定理 7.1　KSB 和 SB 是等价的。

证明 由于

$$f_{\mathrm{u}}(r) = \sum_{d=1}^{N(r)} A_d \frac{\Gamma\left(\dfrac{n}{2}\right)}{\sqrt{\pi}\Gamma\left(\dfrac{n-1}{2}\right)} \int_0^{\theta_d} \sin^{n-2}\phi\,\mathrm{d}\phi$$

是单调递增的，并且是连续的函数。同时，我们有

$$f_{\mathrm{u}}(0) = 0$$

和

$$f_{\mathrm{u}}(+\infty) \geqslant \frac{3}{2}$$

通过选择 $f_{\mathrm{u}}(+\infty) \geqslant \dfrac{3}{2}$，使得 $f_{\mathrm{u}}(r_{\mathrm{opt}}) = 1$。因此，我们有

$$f(r) \leqslant \begin{cases} f_{\mathrm{u}}(r), & 0 < r \leqslant r_{\mathrm{opt}} \\ 1, & r > r_{\mathrm{opt}} \end{cases}$$

通过 KSB，我们有

$$\begin{aligned} \Pr\{E\} &= \int_0^{+\infty} f(r)g(r)\,\mathrm{d}r \\ &\leqslant \int_0^{r_{\mathrm{opt}}} f_{\mathrm{u}}(r)g(r)\,\mathrm{d}r + \int_{r_{\mathrm{opt}}}^{+\infty} g(r)\,\mathrm{d}r \\ &\leqslant \int_0^{r_{\mathrm{opt}}} \sum_{d=1}^{N(r)} A_d \frac{\Gamma\left(\dfrac{n}{2}\right)}{\sqrt{\pi}\,\Gamma\left(\dfrac{n-1}{2}\right)} \int_0^{\theta_d} \sin^{n-2}\phi\,\mathrm{d}\phi\, g(r)\,\mathrm{d}r + \int_{r_{\mathrm{opt}}}^{+\infty} g(r)\,\mathrm{d}r \end{aligned}$$

通过分别设置 $z_1 = r\cos\phi$ 和 $y = r^2$，我们可以得到

$$\begin{aligned} \Pr\{E\} &= \int_0^{+\infty} f(r)g(r)\,\mathrm{d}r \\ &= \int_0^{r_{\mathrm{opt}}} \sum_{d=1}^{N(r)} A_d \frac{1}{\sqrt{\pi}\,\Gamma\left(\dfrac{n-1}{2}\right)2^{\frac{n}{2}}\sigma^n} \int_{\frac{\delta_d}{2}}^{r} 2r(r^2 - z_1^2)^{\frac{n-3}{2}} \mathrm{e}^{-\frac{r^2}{2\sigma^2}} U(r^2 - z_1^2)\,\mathrm{d}z_1\,\mathrm{d}r \\ &\quad + \int_{r_{\mathrm{opt}}}^{+\infty} \frac{2r^{n-1}\mathrm{e}^{-\frac{r^2}{2\sigma^2}}}{2^{\frac{n}{2}}\sigma^n \Gamma\left(\dfrac{n}{2}\right)}\,\mathrm{d}r \\ &= \sum_{d=1}^{N(r_{\mathrm{opt}})} A_d \int_0^{r_{\mathrm{opt}}^2}\int_{\sqrt{d}}^{r_{\mathrm{opt}}} \frac{(y - z_1^2)^{\frac{n-3}{2}}\mathrm{e}^{-\frac{y}{2\sigma^2}} U(y - z_1^2)}{\sqrt{\pi}\,2^{\frac{n}{2}}\sigma^n \Gamma\left(\dfrac{n-1}{2}\right)}\,\mathrm{d}z_1\,\mathrm{d}y + \int_{r_{\mathrm{opt}}^2}^{+\infty} \frac{y^{\frac{n-2}{2}}\mathrm{e}^{-\frac{y}{2\sigma^2}}}{2^{\frac{n}{2}}\sigma^n\Gamma\left(\dfrac{n}{2}\right)}\,\mathrm{d}y \end{aligned} \tag{7.4}$$

在 SB 中，通过求解方程两边的偏导来求得最优参数值（使得 SB 达到最紧致），很容易验证，SB 和 KSB 的最优参数值是相同的。因此，式（7.4）就是 SB，其中，式（7.4）右边的第一项代表 Gallager 区域内上界的计算，是利用码字进行计算的，式（7.4）右边的第二项代表 Gallager 区域外上界的计算，是利用积分的方式进行计算的。

通过上述推导可知，KSB 等价于 SB。

注：从等价性的证明出发，我们证明了 KSB 是基于 GFBT 的，其中 Gallager 区域 R 是由以传输信号矢量为中心的嵌套球体定义的。另外，对于 SB，我们应该先求得最优参数值，然后计算整个 SB。与 KSB 相比，SB 的计算复杂度略高。

7.3　改进型球形界

本章提出一种改进的 SB（即 ISB），ISB 受发送码字的 Voronoi 区域的启发。不失一般性，假设全零码字 $\underline{c}^{(0)}$ 为发送码字（$\underline{s}^{(0)}$ 为其对应的调制信号向量）。

7.3.1　Gallager 区域的设计

基于本书 3.1.2 节定义的 Gallager 区域 R，即 $\{R(r), r \in I \subseteq \mathbb{R}\}$，代表一系列半径为 $r \geqslant 0$ 的 n 维球体所组成的集合。区域 $\{R(r), r \in I \subseteq \mathbb{R}\}$ 是嵌套的，并且它们的边界将整个空间 $\mathbb{R}^n$ 进行了划分，即

$$R(r_1) \subset R(r_2), \quad r_1 < r_2$$
$$\partial R(r_1) \bigcap \partial R(r_2) = \varnothing, \quad r_1 \neq r_2$$
$$\mathbb{R}^n = \bigcup_{r \in I} \partial R(r)$$

式中，$\partial R(r)$ 表示区域 $R(r)$ 的边界面。

当 $\underline{y} \in \partial R(r)$ 时，定义一个函数 $R: \underline{y} \mapsto r$。因接收向量 $\underline{y}$ 的随机性将产生一个随机变量 R，假设 $g(r)$ 表示该随机变量的概率密度函数。

假设 $f_u(r)$ 是 $\Pr\{E \mid \underline{y} \in \partial R(r)\}$ 的上界，并且 $f_u(r)$ 是一个可计算的表达式。假设 $f_u(r)$ 表示在 $\|\underline{s}^{(0)} - \underline{y}\| = r$ 条件下的译码错误概率的上界。通过计算，我们得到

$$f_u(r) = \sum_{d=1}^{N(r)} A_d \frac{\Gamma\left(\dfrac{n}{2}\right)}{\sqrt{\pi}\,\Gamma\left(\dfrac{n-1}{2}\right)} \int_0^{\theta_d} \sin^{n-2}\phi \,\mathrm{d}\phi$$

7.3.2 基于 Voronoi 区域的 ISB

本节将借助发送码字的 Voronoi 区域，重新推导新的可计算的上界。

假设 $P(r)$ 表示当事件 $\{\underline{y} \in \partial R(r)\}$ 发生时的正确译码概率，$P_1(r)$ 表示 $P(r)$ 的一个可计算的下界。我们可以得到下列命题。

命题 7.1 线性分组码的最大似然译码错误概率的上界（ISB）为

$$\Pr\{E\} \leqslant \int_0^{+\infty} g(r) \min\{f_{u_1}(r), f_{u_2}(r)\} \mathrm{d}r \tag{7.5}$$

式中，

$$g(r) = \frac{2r^{n-1}\mathrm{e}^{-\frac{r^2}{2\sigma^2}}}{2^{\frac{n}{2}}\sigma^n\Gamma\left(\dfrac{n}{2}\right)} \tag{7.6}$$

$$f_{u_1}(r) = \sum_{d=1}^{N(r)} A_d \frac{\Gamma\left(\dfrac{n}{2}\right)}{\sqrt{\pi}\,\Gamma\left(\dfrac{n-1}{2}\right)} \int_0^{\theta_d} \sin^{n-2}\phi\,\mathrm{d}\phi \tag{7.7}$$

$$f_{u_2}(r) = 1 - P_1(r) \tag{7.8}$$

证明 通过引理 7.1 得知第一部分可证明。

又因为

$$f(r) = 1 - P(r) \leqslant 1 - P_1(r) = f_{u_2}(r)$$

因此整个命题得证。

注：当分组码 $C_2[n,k]$ 确定后，发送码字 $\underline{s}^{(0)}$ 的 Voronoi 区域 $V(\underline{s}^{(0)})$ 也就确定了。当计算基于条件的正确译码概率时，我们可以引入区域 $V(\underline{s}^{(0)})$。由于计算 $V(\underline{s}^{(0)})$ 是一个 NP-Hard 问题，它无法用一个确切的图形表示出来，因此我们通过求得 $V(\underline{s}^{(0)})$ 的一个子集来计算 $P_1(r)$。

针对所有给定的 r，我们考虑如何通过 $V(\underline{s}^{(0)})$ 的一个子集来计算 $P_1(r)$。

由于二进制线性分组码具有几何均匀性和等能量性，因此，$C_2[n,k]$ 的所有码字分布在一个半径为 $\sqrt{n}$ 的 n 维球面上，假设 $\underline{s}^{(d_{\min})}$ 表示具有最小汉明重量的码字，即 $W_{\mathrm{H}}(\underline{c}^{(d_{\min})}) = d_{\min}$，$d_{\min}$ 表示最小汉明重量，假设

$$\alpha \triangleq \arcsin\left(\frac{\|\underline{s}^{(d_{\min})} - \underline{s}^{(0)}\|}{2\sqrt{n}}\right) \tag{7.9}$$

假设 $G_n(\alpha)$ 表示一个 n 维的圆锥体，其高与母线的夹角为 α，中心线通过原点 O 发送码字 $\underline{s}^{(0)}$，如图 7-1～图 7-4 所示。当在 AWGN 信道执行最大似然译码准则时，如果译码器判断接收向量 $\underline{y}$ 落在 $G_n(\alpha)$（$G_n(\alpha)$ 是 $V(\underline{s}^{(0)})$ 的一个子集）内，则会正确译码。

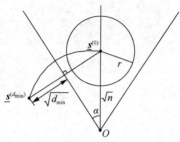

图 7-1　当 $0 \leqslant r \leqslant \sqrt{d_{\min}}$ 时的正确译码几何图示

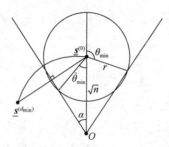

图 7-2　当 $\sqrt{d_{\min}} < r < \sqrt{\dfrac{nd_{\min}}{n - d_{\min}}}$ 时的正确译码几何图示

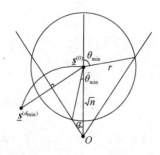

图 7-3　$\sqrt{\dfrac{nd_{\min}}{n - d_{\min}}} \leqslant r < \sqrt{n}$ 时的正确译码几何图示

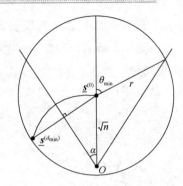

图 7-4 $r \geqslant \sqrt{n}$ 时的正确译码几何图示

假设

$$\partial R'(r) = \partial R(r) \bigcap G_n(\alpha) \tag{7.10}$$

我们可以得到

$$P(r) \geqslant P_1(r) \triangleq \Pr\left\{ \underline{y} \in \partial R'(r) \,|\, \underline{y} \in \partial R(r) \right\}$$

$$= \frac{\int_{\underline{y} \in \partial R'(r)} p(\underline{y}) \mathrm{d}\underline{y}}{\int_{\underline{y} \in \partial R(r)} p(\underline{y}) \mathrm{d}\underline{y}} \tag{7.11}$$

式中，$p(\underline{y})$ 表示 $\underline{y}$ 的概率密度函数。

由于接收向量 $\underline{y}$ 在 $\partial R(r)$ 上的分布是均匀的，因此，当 $\underline{y} \in \partial R(r)$ 时，$p(\underline{y})$ 都是常数。因此，我们可以在式（7.11）的分子和分母中同时除以 $p(\underline{y})$，得到

$$P_1(r) = \frac{\int_{\underline{y} \in \partial R'(r)} \mathrm{d}\underline{y}}{\int_{\underline{y} \in \partial R(r)} \mathrm{d}\underline{y}} \tag{7.12}$$

所以 $P_1(r)$ 可以通过求两个表面积的比值得到，即

$$P_1(r) = \frac{S(\partial R'(r))}{S(\partial R(r))} \tag{7.13}$$

式中，$S(\cdot)$ 为表面积。由图 7-2~图 7-4 可知，$\theta_{\min}$ 和 $\tilde{\theta}_{\min}$ 在计算 $P_1(r)$ 中起到了重要的作用。观察图 7-2~图 7-4 可知，当 $r = \sqrt{\dfrac{nd_{\min}}{n - d_{\min}}}$ 时，$\theta_{\min} = \dfrac{\pi}{2}$；当 $r < \sqrt{n}$ 时，将存在角度 $\tilde{\theta}_{\min}$。

因此，我们可以通过如下 4 种情况得到 $P_1(r)$。

（1）当 $0 \leqslant r \leqslant \sqrt{d_{\min}}$ 时（详见图 7-1），由于区域 $G_n(\alpha)$ 包含了 $\partial R(r)$，即 $\partial R(r)$ 是 $G_n(\alpha)$ 的一个子集，因此 $\partial R'(r) = \partial R(r)$，从而我们可以得到 $P_{1_1}(r) = 1$。

（2）当 $\sqrt{d_{\min}} < r < \sqrt{\dfrac{nd_{\min}}{n-d_{\min}}}$ 时（详见图 7-2），通过计算，我们得到

$$P_{l_2}(r) = 1 - \frac{\Gamma\left(\dfrac{n}{2}\right)}{\sqrt{\pi}\,\Gamma\left(\dfrac{n-1}{2}\right)}\left(\int_0^{\pi-\theta_{\min}}\sin^{n-2}\phi\,\mathrm{d}\phi - \int_0^{\tilde{\theta}_{\min}}\sin^{n-2}\phi\,\mathrm{d}\phi\right) \tag{7.14}$$

式中，

$$\theta_{\min} = \pi - \arcsin\left[\frac{\sqrt{d_{\min}}\left(\sqrt{n-d_{\min}} + \sqrt{r^2-d_{\min}}\right)}{r\sqrt{n}}\right] \tag{7.15}$$

$$\tilde{\theta}_{\min} = \arcsin\left[\frac{\sqrt{d_{\min}}\left(\sqrt{n-d_{\min}} - \sqrt{r^2-d_{\min}}\right)}{r\sqrt{n}}\right] \tag{7.16}$$

（3）当 $\sqrt{\dfrac{nd_{\min}}{n-d_{\min}}} \leqslant r < \sqrt{n}$ 时（详见图 7-3），通过计算，我们得到

$$P_{l_3}(r) = \frac{\Gamma\left(\dfrac{n}{2}\right)}{\sqrt{\pi}\,\Gamma\left(\dfrac{n-1}{2}\right)}\left(\int_0^{\theta_{\min}}\sin^{n-2}\phi\,\mathrm{d}\phi + \int_0^{\tilde{\theta}_{\min}}\sin^{n-2}\phi\,\mathrm{d}\phi\right) \tag{7.17}$$

式中，

$$\theta_{\min} = \arcsin\left[\frac{\sqrt{d_{\min}}\left(\sqrt{n-d_{\min}} + \sqrt{r^2-d_{\min}}\right)}{r\sqrt{n}}\right] \tag{7.18}$$

$$\tilde{\theta}_{\min} = \arcsin\left[\frac{\sqrt{d_{\min}}\left(\sqrt{n-d_{\min}} - \sqrt{r^2-d_{\min}}\right)}{r\sqrt{n}}\right] \tag{7.19}$$

（4）当 $r \geqslant \sqrt{n}$ 时（详见图 7-4），通过计算，我们得到

$$P_{l_4}(r) = \frac{\Gamma\left(\dfrac{n}{2}\right)}{\sqrt{\pi}\,\Gamma\left(\dfrac{n-1}{2}\right)}\int_0^{\theta_{\min}}\sin^{n-2}\phi\,\mathrm{d}\phi \tag{7.20}$$

式中，

$$\theta_{\min} = \arcsin\left[\frac{\sqrt{d_{\min}}\left(\sqrt{n-d_{\min}} + \sqrt{r^2-d_{\min}}\right)}{r\sqrt{n}}\right] \tag{7.21}$$

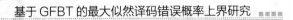

因此，我们得到

$$f_{u_2}(r) = \begin{cases} 0, & 0 \leqslant r \leqslant \sqrt{d_{\min}} \\ 1-P_{l_2}(r), & \sqrt{d_{\min}} < r < \sqrt{\dfrac{nd_{\min}}{n-d_{\min}}} \\ 1-P_{l_3}(r), & \sqrt{\dfrac{nd_{\min}}{n-d_{\min}}} \leqslant r < \sqrt{n} \\ 1-P_{l_4}(r), & r \geqslant \sqrt{n} \end{cases} \tag{7.22}$$

式中，$P_{l_2}(r)$、$P_{l_3}(r)$ 和 $P_{l_4}(r)$ 可以分别通过式（7.14）、式（7.17）和式（7.20）得到。从而我们可以通过 $f_{u_2}(r)$ 得到 ISB，即将 $f_{u_2}(r)$ 代入命题 7.1 中的式（7.5）中。

通过式（7.7）可知，$f_{u_1}(r)$ 是 $f(r)$ 的一个条件上界，并且 $f_{u_1}(r)$ 是一个非递减连续函数（不失一般性，假设二进制线性分组码 $C_2[n,k]$ 至少有 3 个非零码字，且码字的维数 $k>1$）。通过计算可知，$f_u(0)=0$ 和 $f_u(+\infty) \geqslant \dfrac{3}{2}$，这表明 $f_{u_1}(r)$ 在低信噪比下可能松弛并且发散（不小于 1）。对比 $f_{u_1}(r)$，对于所有的 r 而言，$f_{u_2}(r) \leqslant 1$。通过上述分析可知，在低信噪比下，$f_{u_2}(r)$ 优于 $f_{u_1}(r)$。

因此，可以得到如下引理：

引理 7.2　ISB（命题 7.1）可以改进 KSB 技术和 SB 技术。

注：KSB 技术和 SB 技术的等价性由文献[29]和文献[31]得证。

ISB（命题 7.1）虽然改进了 KSB 技术，但是两者具有相同的时间计算复杂度，都具有两层的积分运算。

为了使所提到的上界（ISB，即命题 7.1）技术适用于二进制线性分组码最大似然译码误比特率，我们定义如下变量：

$$A_d' \triangleq \sum_i \frac{i}{k} A_{i,d}, \quad 0 \leqslant d \leqslant n \tag{7.23}$$

$$f_{u_1}'(r) \triangleq \sum_{d=1}^{N(r)} A_d' \frac{\Gamma\left(\dfrac{n}{2}\right)}{\sqrt{\pi}\,\Gamma\left(\dfrac{n-1}{2}\right)} \int_0^{\theta_d} \sin^{n-2}\phi \, \mathrm{d}\phi \tag{7.24}$$

定义 $\Pr\{E_b\}$ 为二进制线性分组码最大似然译码误比特率，我们可得

$$\Pr\{E_b\} \leqslant \int_0^{+\infty} g(r) \min\{f_{u_1}'(r), f_{u_2}(r)\} \mathrm{d}r \tag{7.25}$$

式中，$g(r)$ 来自式（7.6），$f_{u_1}'(r)$ 来自式（7.24），$f_{u_2}(r)$ 来自式（7.22）。在式（7.25）中使用 $f_{u_2}(r)$ 表示当计算条件译码错误概率 $\Pr\{E_b \mid \underline{y} \in \partial R(r)\}$ 时，我们假设最坏的情况发生，即 k 比特全部出错。

7.4　主要程序实现

下面给出基于 Voronoi 区域的 ISB 的主要程序。

```
int main(int argc, char* argv[])        //基于 Voronoi 区域的 ISB
{
    my_code.Initialize();
    double Fer;                         //误帧率上界
    double snrdB;                       //信噪比(dB)
    double snr;
    double var;
    double r;
    double step_r = 0.01;               //积分运算时,设定的步长为0.01
    double integral_up,integral_down;
    double integral_step = 0.01;        //积分运算时,设定的步长为0.01
    double f;
    int i,k;
    int kmin;
    LogReal FerLog;
    LogReal g_r;
    LogReal gamma1;
    LogReal gamma2;
    LogReal temp;
    gamma1 = Gamma(my_code.code_length /2.0);
    gamma2 = Gamma((my_code.code_length - 1.0)/2.0);
    //读取文件中的重量谱等数据
    for(i = 1;i <= my_code.code_length;i++)
    {
        if(my_code.Sd->LogCoeff[i].signx != 0)
        {
            kmin = i;
            break;
        }
    }
    LogReal sum_f;
    LogReal sum_result;
    LogReal one;
    LogReal *sum_k;
    LogReal sum_k_result;
    int sum_k_count;
    LogReal *sum_r;
    LogReal sum_r_result;
```

```
        int sum_r_count;
        sum_k = (LogReal *)malloc(my_code.code_length*sizeof
    (LogReal));
        sum_r = (LogReal *)malloc(((int)((100-step_r)/ step_r+1)+
    1 )*sizeof(LogReal));
        one.signx = 1;
        one.logx = 0;
        FILE *fp;
        fp = fopen("performance.txt", "a+");
        fprintf(fp, "\n\n\nsnrdB *** FER \n");
        for(snrdB = my_code.minimum_snr; snrdB <= my_code.maximum_
    snr; snrdB += my_code.increment_snr)
        {
            fprintf(fp, "\n%g    ", snrdB);
            fprintf(stdout, "\nsnrdB = %g    ", snrdB);
            snr = pow(10, 0.1*snrdB);
            var = 1/(2* my_code.code_rate * pow(10,(0.1*snrdB)));
            sum_r_count = 0;
            for(r = 1;r <= 50;r = r+step_r)
            {
                g_r.signx = 1;
                g_r.logx = log((double)2)+(my_code.code_length-1)*
    log(r)+(-r * r /(2 * var))-my_code.code_length*0.5*log(2*var)-
    gamma1.logx;
                if( r >= sqrt((double)kmin))
                {
                    sum_k_count = 0;
                    for(k = 1;k <= my_code.code_length;k++)
                    {
                        if( r>sqrt((double)k))
                        {
                            if(my_code.Sd->LogCoeff[k].signx>0)
                            {
                                integral_up = acos(sqrt((double)k)/ r);
                                integral_down = integral_step;
                                sum_f.signx = 0;
                                for(f = integral_down ; f<integral_up;
    f = f+integral_step)
                                {
                                    temp.logx = (my_code.code_length-
    2.0)*log(sin(f))+log(integral_step);
                                    temp.signx = 1;
                                    sum_f = LogRealAdd(sum_f,temp);
                                }
```

```
                sum_k[sum_k_count].logx = my_code.Sd->LogCoeff[k].
logx+sum_f.logx+gamma1.logx-gamma2.logx-0.5*log(PI);
                sum_k[sum_k_count].signx = 1;
                sum_k_count++;


            }
        }
    }
    if(sum_k_count! = 0)
        sum_k_result = LinkSort(sum_k_count,sum_k);
    else
        sum_k_result.signx=0;
    integral_down = integral_step;
    integral_up = asin(sqrt((double)kmin/ (double)
my_code.code_length)*(sqrt((double)my_code.code_length - kmin)+
sqrt(r * r - kmin))/ r);
    sum_f.signx = 0;
    for(f = integral_down ; f<integral_up; f = f+ integral_
step)
        {
            temp.logx = (my_code.code_length-2.0)* log
(sin(f))+log(integral_step);
            temp.signx = 1;
            sum_f = LogRealAdd(sum_f,temp);
        }
    sum_result.logx = sum_f.logx+gamma1.logx-gamma2.
logx-0.5*log(PI);
    sum_result.signx = 1;
    if(r<sqrt((double)my_code.code_length*kmin/ (my_
code.code_length-kmin)))
        {
            sum_result.signx = -1;
            sum_result = LogRealAdd(sum_result,one);
        }
    if(r<sqrt((double)my_code.code_length))
        {
            integral_down = integral_step;
            integral_up = asin(sqrt((double)kmin/ (double)
my_code.code_length)*(my_code.code_length-r*r)/(r*(sqrt((double)
my_code.code_length - kmin)+ sqrt(r * r - kmin))));
            sum_f.signx = 0;
            for(f = integral_down ; f<integral_up ; f = f+
integral_step)
                {
```

```
                              temp.logx = (my_code.code_length-2.0)* log
(sin(f))+log(integral_step);
                        temp.signx = 1;
                        sum_f = LogRealAdd(sum_f,temp);
                  }

                  temp.logx = sum_f.logx+gamma1.logx-gamma2.
logx-0.5*log(PI);
                  temp.signx = 1;
                  sum_result = LogRealAdd(sum_result,temp);
                }
            sum_result.signx = -1;
            sum_result = LogRealAdd(sum_result,one);

            if((sum_k_result.signx*exp(sum_k_ result.logx))
<(sum_result.signx*exp(sum_result.logx)))
                {
                  temp.signx = 1;
                  temp.logx = log(step_r);
                  sum_r[sum_r_count] = LogRealMult
(LogRealMult(g_r,sum_k_result),temp);
                  sum_r_count++;
                }
            else
                {
                  temp.signx = 1;
                  temp.logx = log(step_r);
                  sum_r[sum_r_count] = LogRealMult (LogRealMult
(g_r,sum_result),temp);
                  sum_r_count++;
                }
            }
        }
    }
    if(sum_r_count != 0)
        sum_r_result = LinkSort(sum_r_count,sum_r);
    else
        sum_r_result.signx = 0;
    FerLog = sum_r_result;
    Fer = FerLog.signx*exp(FerLog.logx);
    fprintf(fp, "%.25e", Fer);
  }
  fclose(fp);
  my_code.p.Free(my_code.Sd);
  delete my_code.Sd;
```

```
free(sum_r);
free(sum_k);
printf("Hello World!\n");
return 0;
}
```

7.5　应　用　实　例

为了清晰地展现 ISB，我们将 $C_2[7,4]$ 汉明码作为例子，表 7-1 给出了 $C_2[7,4]$ 汉明码的重量谱，其中，d 表示码字的汉明重量，A_d 表示汉明重量等于 d 的码字的个数。图 7-5 给出了 $C_2[7,4]$ 汉明码最大似然译码误帧率的 ISB（命题 7.1）和 KSB 的性能比较。通过对比可知，跟预想的结果一致，即 ISB 比 KSB 紧致。

表 7-1　$C_2[7,4]$ 汉明码的重量谱

重量 d	码字个数 A_d	重量 d	码字个数 A_d
0	1	4	7
1	0	5	0
2	0	6	0
3	7	7	1

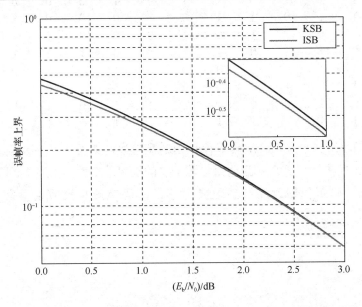

图 7-5　$C_2[7,4]$ 汉明码最大似然译码误帧率的 ISB 和 KSB 的性能比较

我们选择一个短的分组码，即扩展 Golay 码 $C_2[24,12]$，亦即信息位为 12，码长为 24 的二进制线性分组码。扩展 Golay 码 $C_2[24,12]$ 生成如下矩阵：

$$G = [P, I_{12}]$$

式中，I_{12} 是一个 12 维的单位矩阵，即

$$I_{12} = \begin{bmatrix} 1 & 0 & 0 & 0 & 0 & 0 & 0 & 0 & 0 & 0 & 0 & 0 \\ 0 & 1 & 0 & 0 & 0 & 0 & 0 & 0 & 0 & 0 & 0 & 0 \\ 0 & 0 & 1 & 0 & 0 & 0 & 0 & 0 & 0 & 0 & 0 & 0 \\ 0 & 0 & 0 & 1 & 0 & 0 & 0 & 0 & 0 & 0 & 0 & 0 \\ 0 & 0 & 0 & 0 & 1 & 0 & 0 & 0 & 0 & 0 & 0 & 0 \\ 0 & 0 & 0 & 0 & 0 & 1 & 0 & 0 & 0 & 0 & 0 & 0 \\ 0 & 0 & 0 & 0 & 0 & 0 & 1 & 0 & 0 & 0 & 0 & 0 \\ 0 & 0 & 0 & 0 & 0 & 0 & 0 & 1 & 0 & 0 & 0 & 0 \\ 0 & 0 & 0 & 0 & 0 & 0 & 0 & 0 & 1 & 0 & 0 & 0 \\ 0 & 0 & 0 & 0 & 0 & 0 & 0 & 0 & 0 & 1 & 0 & 0 \\ 0 & 0 & 0 & 0 & 0 & 0 & 0 & 0 & 0 & 0 & 1 & 0 \\ 0 & 0 & 0 & 0 & 0 & 0 & 0 & 0 & 0 & 0 & 0 & 1 \end{bmatrix}$$

$$P = \begin{bmatrix} 1 & 0 & 0 & 0 & 1 & 1 & 1 & 0 & 1 & 1 & 0 & 1 \\ 0 & 0 & 0 & 1 & 1 & 1 & 0 & 1 & 1 & 0 & 1 & 1 \\ 0 & 0 & 1 & 1 & 1 & 0 & 1 & 1 & 0 & 1 & 0 & 1 \\ 0 & 1 & 1 & 1 & 0 & 1 & 1 & 0 & 1 & 0 & 0 & 1 \\ 1 & 1 & 1 & 0 & 1 & 1 & 0 & 1 & 0 & 0 & 0 & 1 \\ 1 & 1 & 0 & 1 & 1 & 0 & 1 & 0 & 0 & 0 & 1 & 1 \\ 1 & 0 & 1 & 1 & 0 & 1 & 0 & 0 & 0 & 1 & 1 & 1 \\ 0 & 1 & 1 & 0 & 1 & 0 & 0 & 0 & 1 & 1 & 1 & 1 \\ 1 & 1 & 0 & 1 & 0 & 0 & 0 & 1 & 1 & 1 & 0 & 1 \\ 1 & 0 & 1 & 0 & 0 & 0 & 1 & 1 & 1 & 0 & 1 & 1 \\ 0 & 1 & 0 & 0 & 0 & 1 & 1 & 1 & 0 & 1 & 1 & 1 \\ 1 & 1 & 1 & 1 & 1 & 1 & 1 & 1 & 1 & 1 & 1 & 0 \end{bmatrix}$$

下面简单给出扩展 Golay 码 $C_2[24,12]$ 的重量谱，如表 7-2 所示，其中，d 表示码字的汉明重量，A_d 表示汉明重量等于 d 的码字的个数。由表 7-2 可以看出，扩展 Golay 码 $C_2[24,12]$ 的最小距离为 8，即码字最小汉明重量等于 8，且 $\sum\limits_{d=0}^{n} A_d = 2^k = 4096$。

表 7-2　扩展 Golay 码 $C_2[24,12]$ 的重量谱

重量 d	码字个数 A_d	重量 d	码字个数 A_d
0	1	13	0
1	0	14	0
2	0	15	0
3	0	16	759
4	0	17	0
5	0	18	0
6	0	19	0
7	0	20	0
8	759	21	0
9	0	22	0
10	0	23	0
11	0	24	1
12	2576		

同样的结果也发生在扩展 Golay 码 $C_2[24,12]$ 上（该扩展 Golay 码 $C_2[24,12]$ 在文献[26]中被当例子使用过），图 7-6 给出了扩展 Golay 码 $C_2[24,12]$ 最大似然译码误帧率的 ISB 和 KSB 的性能比较。通过比较可知，ISB 比 KSB 紧致。

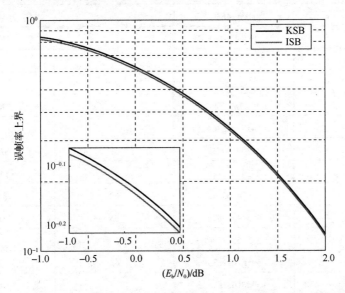

图 7-6　扩展 Golay 码 $C_2[24,12]$ 最大似然译码误帧率的 ISB 和 KSB 的性能比较

BCH 码 $C_2[63,39]$ 在著名上界[33]中被当例子使用过，表 7-3 给出了 BCH 码 $C_2[63,39]$ 的重量谱，表 7-4 给出了 BCH 码 $C_2[63,39]$ 的最大似然译码误帧率的 ISB（命题 7.1）和 KSB 的性能比较。

表 7-3　BCH 码 $C_2[63,39]$ 的重量谱

重量 d	码字个数 A_d	重量 d	码字个数 A_d
9	2170	33	51356887596
10	11718	34	45314900820
11	32382	35	37474263540
12	140322	36	29146649420
13	628866	37	21309180732
14	2245950	38	14579965764
15	7302603	39	9327891720
16	21907809	40	5596735032
17	60355638	41	3146554530
18	154242186	42	1648195230
19	365056650	43	803124630
20	803124630	44	365056650
21	1648195230	45	154242186
22	3146554530	46	60355638
23	5596735032	47	21907809
24	9327891720	48	7302603
25	14579965764	49	2245950
26	21309180732	50	628866
27	29146649420	51	140322
28	37474263540	52	32382
29	45314900820	53	11718
30	51356887596	54	2170
31	54561631635	63	1
32	54561631635		

表 7-4 BCH 码 $C_2[63,39]$ 的最大似然译码误帧率的 ISB 与 KSB 的性能比较

E_b/N_0	ISB	KSB	E_b/N_0	ISB	KSB
0	0.9526973773	0.9526973785	2.25	0.1441878683	0.1441878688
0.25	0.9168890266	0.9168890282	2.50	0.08359510787	0.08359510813
0.50	0.8627742083	0.8627742102	2.75	0.04443313276	0.04443313288
0.75	0.7872431141	0.7872431162	3.00	0.02166471599	0.02166471604
1.00	0.6902624337	0.6902624358	3.25	0.009726786037	0.009726786053
1.25	0.5761721708	0.5761721728	3.50	0.004050483992	0.004050483996
1.50	0.4536883830	0.4536883847	3.75	0.001580523173	0.001580523175
1.75	0.3341557647	0.3341557660	4.00	0.0005846170105	0.0005846170108
2.00	0.2285009295	0.2285009304			

本 章 小 结

本章首先采用余弦定理及 3 个码字组成一个非钝角三角形的理论,详细地证明了 Kasami 等提出的 KSB(很少被引用)等价于 Herzberg 和 Poltyrev 提出的 SB。我们声明 KSB 属于 Gallager 第一上界技术,并且相比于 SB,具有较低的计算复杂度。其次,研究了发送码字 $\underline{s}^{(0)}$ 的 Voronoi 区域和 SB 的 Gallager 区域的关系,改进了传统 SB 的 Gallager 区域,进而使 SB 的技术变得更加紧致。研究结果表明,纠错码发送码字 Voronoi 区域的分析可以有效指导 Gallager 区域的优化设计。

第 8 章 线性分组码最大后验译码误比特率下界技术

本章提出一种基于仿真的 MAP 译码误比特率的下界技术，该下界技术是基于 AWGN 信道提出的，具有较低的计算复杂度，只与二进制线性分组码的最小汉明重量相关。数值结果表明，该下界技术可用于估计任何实用码的最小汉明重量和错误平层。

8.1 下界技术简介

8.1.1 下界技术

自 Turbo 码[16]和 LDPC[19]重新发现以来，近几十年来出现了许多类似 Turbo/LDPC 的码[91-98]，如何来判断这些码的好坏成了研究者们关注的焦点。最大似然译码算法和 MAP 概率译码算法对于大多数实际码来说是极其复杂的，因此，我们可用推导出来的紧致边界（上界和下界）来预测它们的性能，而不必借助于计算机蒙特卡罗仿真。大多数基于误帧率的下界技术都是根据 Caen 不等式[99]和改进的二阶 Bonferroni 型不等式推导的。前几年，Ma 等[100]提出了基于 MAP 译码的误比特率下界技术，该下界可以应用于任何译码算法，因为 MAP 译码在使误比特率最小化方面是最优的。

本章的主要目的是在 MAP 译码的情况下，推导出所有实用码的误比特率下界技术。与误差脉冲法[101]不同，本章所提出的方法具有较低的计算复杂度，同时可以估计码的最小汉明重量。

8.1.2 BCJR 算法

本节将详细介绍 BCJR 算法[15]。现在只考虑其中一个分量卷积编码器。在时刻 t，将接收序列 y 分为 3 部分，即 $y = y_{<t} \cdots y_t \cdots y_{>t}$，其中 $y_{<t}$ 表示 t 时刻之前的所有接收序列，同理 $y_{>t}$ 表示 t 时刻之后的所有接收序列，而 y_t 表示 t 时刻的接收值。记 t 时刻的状态为 ψ_t，则网格图上 t 时刻由状态 p 转移到状态 q 的后验概率可以表示为

$$P(\Psi_t = p, \Psi_{t+1} = q \mid y) = \frac{P(\Psi_t = p, \Psi_{t+1} = q, y)}{P(y)} = \frac{P(\Psi_t = p, \Psi_{t+1} = q, y_{<t}, y_t, y_{>t})}{P(y)} \quad (8.1)$$

式（8.1）按照条件转移概率的形式可以表示为

$$P(\Psi_t = p, \Psi_{t+1} = q \mid y) = \frac{P(\Psi_t = p, \Psi_{t+1} = q, y_{<t}, y_t)P(y_{>t} \mid \Psi_t = p, \Psi_{t+1} = q, y_{<t}, y_t)}{P(y)}$$

$$= \frac{P(\Psi_{t+1} = q, y_t \mid \Psi_t = p, y_{<t})P(\Psi_t = p, y_{<t})P(y_{>t} \mid \Psi_{t+1} = q)}{P(y)}$$

$$= \frac{P(\Psi_{t+1} = q, y_t \mid \Psi_t = p)P(\Psi_t = p, y_{<t})P(y_{>t} \mid \Psi_{t+1} = q)}{P(y)}$$

$$(8.2)$$

式（8.2）按照时间顺序可以调整为

$$P(\Psi_t = p, \Psi_{t+1} = q \mid y) = \frac{P(\Psi_t = p, y_{<t})P(\Psi_{t+1} = q, y_t \mid \Psi_t = p)P(y_{>t} \mid \Psi_{t+1} = q)}{P(y)} \quad (8.3)$$

为了计算及推导的方便，定义 α, β, γ 这 3 个变量，分别表示网格图上前向、分支及后向状态转移关系。

其中，$\alpha_t(p) = P(\Psi_t = p, y_{<t})$，表示截止到 t 时刻，状态转移到 p 及接收序列为 $y_{<t}$ 的概率。

$\gamma_t(p, q) = P(\Psi_{t+1} = q, y_t \mid \Psi_t = p)$，表示在 t 时刻，由状态 p 转移到状态 q 及输出为 y_t 的概率。

$\beta_{t+1}(q) = P(y_{>t} \mid \Psi_{t+1} = q)$ 表示 t 时刻以后，在状态为 Ψ_{t+1} 的基础上，输出为 $y_{>t}$ 的概率。

将以上 3 个定义代入式（8.3）中，得到

$$P(\Psi_t = p, \Psi_{t+1} = q \mid y) = \frac{\alpha_t(p)\gamma_t(p, q)\beta_{t+1}(q)}{P(y)} \quad (8.4)$$

在网格图上，由当前状态转移到下一个状态是由当前时刻的输入决定的，定义 $S_x = \{(p, q) : x^{(p,q)} = x\}$，即 S_x 表示能使得网格图上由状态 p 转移到状态 q 的所有输入的集合，则后验概率的计算可以转化为

$$P(x_t = x \mid y) = \sum_{(p,q) \in S_x} P(\Psi_t = p, \Psi_{t+1} = q \mid y) = \frac{\sum\limits_{(p,q) \in S_x} \alpha_t(p)\gamma_t(p, q)\beta_{t+1}(q)}{P(y)} \quad (8.5)$$

假设网格图上共有 Q 种状态，而每一次状态转移都只由当前状态和当前的输入决定，因此前向状态转移概率可以表示为

$$\alpha_{t+1}(q) = P(\Psi_{t+1} = q, y_{<t+1}) = P(\Psi_{t+1} = q, y_t, y_{<t})$$

$$= \sum_{p=0}^{Q-1} P(\Psi_{t+1} = q, y_t, \Psi_t = p, y_{<t})$$

$$= \sum_{p=0}^{Q-1} P(\varPsi_t = p, y_{<t}) P(\varPsi_{t+1} = q, y_t \mid \varPsi_t = p, y_{<t})$$

$$= \sum_{p=0}^{Q-1} \alpha_t(p) \gamma_t(p,q) \tag{8.6}$$

同理，后向状态转移概率可以表示为

$$\beta_t(p) = P(y_{>t-1} \mid \varPsi_t = p) = P(y_{>t}, y_t \mid \varPsi_t = p)$$

$$= \sum_{q=0}^{Q-1} P(y_{>t}, y_t, \varPsi_{t+1} = q \mid \varPsi_t = p)$$

$$= \sum_{q=0}^{Q-1} P(y_t, \varPsi_{t+1} = q \mid \varPsi_t = p) P(y_{>t} \mid y_t, \varPsi_{t+1} = q, \varPsi_t = p)$$

$$= \sum_{q=0}^{Q-1} \gamma_t(p,q) \beta_{t+1}(q) \tag{8.7}$$

而分支条件转移概率则与当前的输入及信道转移概率相关，它的计算为

$$\gamma_t(p,q) = P(\varPsi_{t+1} = q, y_t \mid \varPsi_t = p) = P(y_t \mid \varPsi_t = p, \varPsi_{t+1} = q) P(\varPsi_{t+1} = q \mid \varPsi_t = p) \tag{8.8}$$

式（8.8）中后一项与当前输入有关，即由输入使得状态由 p 转移到 q 的概率为

$$P(\varPsi_{t+1} = q \mid \varPsi_t = p) = P(x_t = x^{(p,q)}) \tag{8.9}$$

而前一项则是信道转移概率，对于 AWGN 信道，假设网格图上由状态 p 转移到状态 q 的边上的输出为 $a^{(p,q)}$，则

$$P(y_t \mid \varPsi_t = p, \varPsi_{t+1} = q) = P(y_t \mid a^{(p,q)}) = \frac{1}{(2\pi\sigma^2)^{n/2}} \exp\left[-\frac{1}{2\sigma^2} \parallel y_t - a^{(p,q)} \parallel^2 \right] \tag{8.10}$$

综上，分支条件转移概率为

$$\gamma_t(p,q) = \frac{1}{(2\pi\sigma^2)^{n/2}} \exp\left[-\frac{1}{2\sigma^2} \parallel y_t - a^{(p,q)} \parallel^2 \right] P(x_t = x^{(p,q)})$$

$$= \frac{1}{(2\pi\sigma^2)^{n/2}} \exp\left[-\frac{1}{2\sigma^2} \sum_{i=0}^{n-1} (y_t^{(i)} - a^{(p,q)(i)})^2 \right] P(x_t = x^{(p,q)}) \tag{8.11}$$

通常在计算时，为了归一化，将最前面的因子省去，并且由于先验等概率，$P(x_t = x^{(p,q)})$ 也可以省去，因此计算时分支条件转移概率常用式（8.12）简化计算：

$$\gamma_t(p,q) = \exp\left[-\frac{1}{2\sigma^2} \parallel y_t - a^{(p,q)} \parallel^2 \right] \tag{8.12}$$

相应的前向和后向状态转移概率中都省去了归一化因子，因此整体递推关系不变，但计算中每一步都要进行归一化。

在递推开始时，需要设置初始值，由于初始时一般都是从 0 状态开始的，因此常常将前向概率初始化为

$$[\alpha_0(0),\alpha_0(1)\cdots\alpha_0(Q-1)]=[1,0,\cdots,0] \tag{8.13}$$

而后向概率的计算有两种方式，如果编码时对网格图进行归零，则初始化为

$$[\beta_0(0),\beta_0(1)\cdots\beta_0(Q-1)]=[1,0,\cdots,0] \tag{8.14}$$

否则若终止状态未知，则初始化为平均分配的状态，即

$$[\beta_N(0),\beta_N(1)\cdots\beta_N(Q-1)]=\left[\frac{1}{Q},\frac{1}{Q},\cdots,\frac{1}{Q}\right] \tag{8.15}$$

到此为止，可以计算分量译码器中各个比特的后验概率。下面介绍两个分量译码器之间信息的传递，即外信息的利用。

考虑用对数似然比刻画软信息的方式，记为 $\lambda(x_t\,|\,y)$，则

$$\lambda(x_t\,|\,y)=\log\frac{P(x_t=0\,|\,y)}{P(x_t=1\,|\,y)}=\log\frac{\sum_{(p,q)\in S_0}\alpha_t(p)\gamma_t(p,q)\beta_{t+1}(q)}{\sum_{(p,q)\in S_1}\alpha_t(p)\gamma_t(p,q)\beta_{t+1}(q)} \tag{8.16}$$

在 Turbo 码的构造中选用递归系统卷积码，因此，将式（8.16）中分支条件转移概率中系统位部分和校验位部分分开，则式（8.16）化为

$$\begin{aligned}
\lambda(x_t\,|\,y)&=\log\frac{\sum_{(p,q)\in S_0}P(\Psi_{t+1}=q\,|\,\Psi_t=p)\alpha_t(p)\beta_{t+1}(q)}{\sum_{(p,q)\in S_1}P(\Psi_{t+1}=q\,|\,\Psi_t=p)\alpha_t(p)\beta_{t+1}(q)}\\
&\quad+\log\frac{\sum_{(p,q)\in S_0}P(y_t^{(0)}\,|\,x_t)\alpha_t(p)\beta_{t+1}(q)}{\sum_{(p,q)\in S_1}P(y_t^{(0)}\,|\,x_t)\alpha_t(p)\beta_{t+1}(q)}\\
&\quad+\log\frac{\sum_{(p,q)\in S_0}P(y_t^{(1)}\,|\,\Psi_t=p,\Psi_{t+1}=q)\alpha_t(p)\beta_{t+1}(q)}{\sum_{(p,q)\in S_1}P(y_t^{(1)}\,|\,\Psi_t=p,\Psi_{t+1}=q)\alpha_t(p)\beta_{t+1}(q)}\\
&=\log\frac{P(x_t=0)}{P(x_t=1)}+\log\frac{P(y_t^{(0)}\,|\,x_t=0)}{P(y_t^{(0)}\,|\,x_t=1)}\\
&\quad+\log\frac{\sum_{(p,q)\in S_0}P(y_t^{(1)}\,|\,\Psi_t=p,\Psi_{t+1}=q)\alpha_t(p)\beta_{t+1}(q)}{\sum_{(p,q)\in S_1}P(y_t^{(1)}\,|\,\Psi_t=p,\Psi_{t+1}=q)\alpha_t(p)\beta_{t+1}(q)}
\end{aligned} \tag{8.17}$$

式（8.17）中 $y_t^{(0)}$ 表示对应于信息位的部分，而 $y_t^{(1)}$ 表示对应于校验位的部分。可以看出，后验概率对数似然比的计算分为三部分，第一部分是先验概率，记为 $\lambda_{p,t}$；第二部分是信息位对应的信道转移概率，记为 $\lambda_{s,t}$；第三部分就是我们需要的外信息，记为 $\lambda_{e,t}$，它可以当作另一个分量码译码器的先验信息，则它的计算可以通过式（8.18）来完成：

$$\lambda_{e,t}=\lambda(x_t\,|\,y)-\lambda_{s,t}-\lambda_{p,t} \tag{8.18}$$

式中，$\lambda_{s,t}$ 的计算就是常用的后验概率的计算方法，即

$$\lambda_{s,t} = \log \frac{P(y_t^{(0)} \mid x_t = 0)}{P(y_t^{(0)} \mid x_t = 1)} = \log \frac{P(y_t^{(0)} \mid a_t^{(0)} = \sqrt{E_c})}{P(y_t^{(0)} \mid a_t^{(0)} = -\sqrt{E_c})}$$

$$= \log \frac{\exp\left[-\frac{1}{2\sigma^2}(y_t^{(0)} - \sqrt{E_c})^2 \right]}{\exp\left[-\frac{1}{2\sigma^2}(y_t^{(0)} + \sqrt{E_c})^2 \right]}$$

$$= \frac{2\sqrt{E_c} y_t^{(0)}}{\sigma^2} = L_c y_t^{(0)} \tag{8.19}$$

式中，$L_c = \dfrac{2\sqrt{E_c}}{\sigma^2}$，表示信道置信度。

8.2　基于 MAP 译码的误比特率下界

前几年，Ma 等[100]提出一种基于 MAP 译码的误比特率下界技术。本节将提出一种具有低计算复杂度的下界技术，该技术可以应用于所有实用码的性能分析中。

定义

$$C_{0,i} = \{\underline{c} = \underline{u}G : u_i = 0\}$$

和

$$C_{1,i} = \{\underline{c} = \underline{u}G : u_i = 1\}$$

假设 $d_{\min,i}$ 是集合 $C_{1,i}$ 的最小汉明重量，假设 $U(d_{\min,i})$ 为 $d_{\min,i}$ 的一个可以计算的上界。

定义

$$Q(x) = \int_x^{+\infty} \frac{1}{\sqrt{2\pi}} e^{-\frac{z^2}{2}} \mathrm{d}z$$

我们提出如下定理。

定理 8.1　线性分组码基于 MAP 译码的误比特率下界为

$$P_b \geqslant \frac{1}{k} \sum_{i=0}^{k-1} Q\left(\frac{\sqrt{U(d_{\min,i})}}{\sigma} \right) \tag{8.20}$$

证明　通过文献[100]中的定理 2，可得线性分组码的 MAP 误比特率译码算法的下界为

$$P_b \geqslant \frac{1}{k} \sum_{i=0}^{k-1} Q\left(\frac{\sqrt{d_{\min,i}}}{\sigma} \right)$$

又因为对于所有的 $i \in [0, k-1]$，我们有

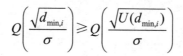

因此，定理 8.1 可得证。

针对任意的实用码，当 $i \in [0, k-1]$ 时，我们将重点关注如何求得 $U(d_{\min,i})$，定义

$$C_{1,i,j} = \{\underline{c} = \underline{u}G : u_i = 1, W_H(\underline{u}) = j\}$$

假设 $d_{\min,i,j}$ 表示集合 $C_{1,i,j}$ 的最小汉明重量。我们提出如下算法。

算法 8.1　对于所有的 $i \in [0, k-1]$，初始化 $U(d_{\min,i}) = n$，当 $j = 0, 1, \cdots, k$ 时，有：

（1）首先，生成所有汉明重量为 j 的信息序列 $\underline{u}$，因此我们有 $\begin{pmatrix} k \\ j \end{pmatrix}$ 不同的信息序列。

（2）其次，使用编码算法 $C[n, k]$ 将每个信息序列 $\underline{u}$ 生成对应的码字序列 $\underline{c}$。

（3）最后，计算 $C_{1,i,j}$ 和 $d_{\min,i,j}$。如果 $d_{\min,i,j} \leqslant U(d_{\min,i})$，我们就用 $U(d_{\min,i}) = d_{\min,i,j}$ 来更新 $U(d_{\min,i})$。

注：当信息位 k 越大时，算法 8.1 的计算复杂度就越大。如果信息位 k 的值比较小，可以求得 $d_{\min,i}$，否则得到的只是 $d_{\min,i}$ 的上界 $U(d_{\min,i})$。

如果我们应用在循环码 $C[n, k]$ 中，可以得到如下推论。

推论 8.1　循环码基于 MAP 译码的误比特率下界为

$$P_b \geqslant Q\left(\frac{\sqrt{U(d_{\min,i})}}{\sigma}\right) \tag{8.21}$$

证明　对于循环码而言，$d_{\min,i} = d_{\min}$。结合本章所提出的定理 8.1，推论 8.1 即可得证。

8.3　主要程序实现

下面给出线性分组码基于 MAP 译码的误比特率下界的主要程序。

```
int main(int argc, char* argv[])
{
    my_code.Initialize();
    double Ber;      //误比特率的下界
    double snrdB;    //信噪比（dB）
    double snr;
    int d,count;
    LogReal BerLog;
```

```
    LogReal Q;
    LogReal sum_result;
    LogReal *Ber_array;
    Ber_array = (LogReal *)malloc(my_code.code_length *
my_code.code_rate *sizeof(LogReal));
    FILE *fp;
    fp = fopen("performance.txt", "a+");
    fprintf(fp, "\n\n\nsnrdB *** Ber \n");

    for(snrdB = my_code.minimum_snr; snrdB <= my_code.maximum_
snr; snrdB += my_code.increment_snr)
    {
        fprintf(fp, "\n%g    ", snrdB);
        snr = pow(10, 0.1*snrdB);
        count = 0;
        for(d = 1 ; d <= my_code.code_length * my_code.code_rate;
d++)
        {
            if(my_code.Udmin[d] != 0)
            {
                Q.signx = 1;
                Q.logx = FunctionQ(sqrt(2 * my_code.Udmin[d]*
my_code.code_rate * snr));
        Ber_array[count] = Q;
                count++;
            }
        }
        sum_result = LinkSort(count,Ber_array);
        BerLog = sum_result/my_code.code_length * my_code.code_rate;
        Ber = BerLog.signx * exp(BerLog.logx);
    fprintf(fp, "%.5e", Ber);
    }
    fclose(fp);
    my_code.p.Free(my_code.Sd);
    delete my_code.Sd;
    free(Ber_array);
    printf("Hello World!\n");
    return 0;
}
```

8.4 应 用 实 例

本节将给出 Turbo 码和 LDPC 码的下界及其蒙特卡罗仿真算法的比较图。

图 8-1 给出了 Turbo 码[2012, 1000]在 MAP 下误比特率下界和 BCJR 算法的仿

真比较，Turbo 码[2012,1000]已被第三代无线通信系统作为标准码来使用，该码由两个相同的递归卷积码组成，具有长度为 1000 的均匀交织器，它们的生成器为

$$G_1 = G_2 = \left[1, \frac{1 + D + D^3}{1 + D^2 + D^3} \right]$$

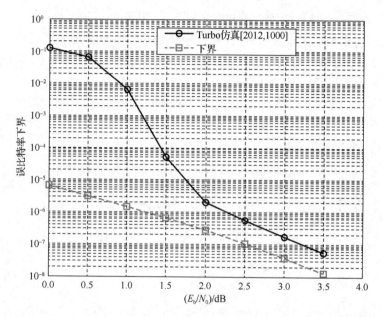

图 8-1　Turbo 码[2012, 1000]在 MAP 下误比特率下界和 BCJR 算法的仿真比较

编码的数据输出符号是通过对表 8-1 中指定的输出进行穿孔来实现的。在穿孔模式中，"0"表示应删除符号，"1"表示应传递符号。每个位周期的组成编码器输出应按 X, Y_0, X', Y_0' 的顺序输出。第一卷积码输出 X, Y_0，第二卷积码输出 X', Y_0'。

表 8-1　穿孔模式

输出	偶数比特	奇数比特
X	1	1
Y_0	1	0
X'	0	0
Y_0'	0	1

用误差脉冲法[85]可以估计 Turbo 码[2012,1000]的最小重量 $d_{\min}$ 为 8。通过本章提出的算法 8.1，可以得到 $d_{\min,i,1} = 24$，$d_{\min,i,2} = 8$，$d_{\min,i,3} = 14$。通过计算可知，

当信息序列 $\underline{u}$ 的汉明重量为 1 时,集合 $C_{1,i} = \{\underline{c} = \underline{u}G : u_i = 1\}$ 中最小汉明重量 $d_{\min,i}$ 为 24;当信息序列 $\underline{u}$ 的汉明重量为 2 时,集合 $C_{1,i} = \{\underline{c} = \underline{u}G : u_i = 2\}$ 中最小汉明重量 $d_{\min,i}$ 为 8;当信息序列 $\underline{u}$ 的汉明重量为 3 时,集合 $C_{1,i} = \{\underline{c} = \underline{u}G : u_i = 3\}$ 中最小汉明重量 $d_{\min,i}$ 为 14。经过分析可知,当信息序列 $\underline{u}$ 的汉明重量为 2 时,最小汉明重量 $d_{\min}$ 为 8,意味着我们可以确认 Turbo 码[2012, 1000]的最小重量 $d_{\min}$ 的上界为 8。最后,我们可以利用定理 8.1,估计 Turbo 码[2012, 1000]的错误平层。

图 8-2 给出了 Turbo 码[2304, 1920]在 MAP 下误比特率下界和 BCJR 算法的仿真比较,Turbo 码[2304, 1920]已被长期演进技术(long term evolution,LTE)作为标准码来使用。通过执行算法 8.1,我们可以确定 Turbo 码[2304, 1920]的最小重量 $d_{\min}$ 的上界为 5。通过图 8-2 我们可以分析出,本章所提出的下界技术可以有效地在高码率下估计码的性能。

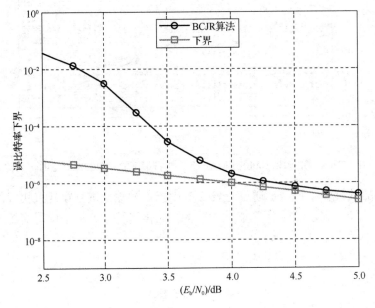

图 8-2 Turbo 码[2304, 1920]在 MAP 下误比特率下界和 BCJR 算法的仿真比较

图 8-3 给出了(961,721)QC-LPDC 码在 MAP 下误比特率下界和积算法(sum-product algorithm,SPA)的仿真比较,(961,721)QC-LPDC 码由文献[102]提出,该文献估计其错误平层低于 10^{-35},最小重量 $d_{\min}$ 的下界为 32。通过算法 8.1,我们可以确切地指出该(961,721)QC-LPDC 码的错误平层低于 10^{-40},最小重量 $d_{\min}$ 的上界为 40。

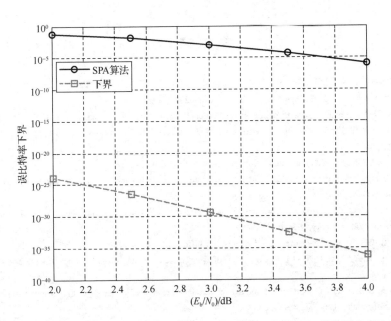

图 8-3　（961,721）QC-LPDC 码在 MAP 下误比特率下界和 SPA 算法的仿真比较

本 章 小 结

本章推导了基于 MAP 译码错误概率下的误比特率下界技术。所提出的下界技术具有较低的计算复杂度，可以应用于任何解码算法的性能评估。数值结果表明，该下界可以用于估计任意实用码的错误平层和最小汉明重量。

参 考 文 献

[1] 中华人民共和国工业和信息化部. 2019 年通信业统计公报[EB/OL]. (2020-02-27) [2020-02-27]. http://www.miit.gov.cn/ n1146285/n1146352/n3054355/n3057511/n3057518/c7696204/content.html.

[2] SHANNON C E. A mathematical theory of communication[J]. The bell system technical journal, 1948, 27(4): 379-423.

[3] HAMMING R W. Error detecting and error correcting codes[J]. The bell system technical journal, 1950, 29(2): 147-160.

[4] GOLAY M J E. Notes on digital coding[J]. Proceedings of the IRE, 1949,37: 657-662.

[5] MULLER D E. Application of boolean algebra to switching circuit design and to error detection[J]. Transactions of the I.R.E. professional group on electronic computers, 1954: EC-3(3): 6-12.

[6] REED I S. A class of multiple-error-correcting codes and the decoding scheme[J]. Transactions of the IRE professional group on information theory, 1954,4(4): 38-49.

[7] HOCQUENGHEM A. Codes correcteurs d'erreurs[J]. Chiffres, 1959,2: 147-156.

[8] BOSE R C, RAY-CHAUDHURI D K. On a class of error-correcting binary group codes[J]. Information and control, 1960,3(1): 68-79.

[9] REED I S, SOLOMON G. Polynomial codes over certain finite fields[J]. Journal of the society for industrial and applied mathematics, 1960, 8(2): 300-304.

[10] GOPPA V D. Codes on algebraic curves [J]. Soviet math dokl, 1981, 24(1): 170-172.

[11] ELIAS P. Coding for noisy channels[J]. IRE convention record, 1955,4: 37-46.

[12] ELIAS P. Error-free coding[J]. Transactions of the IRE professional group on information theory, 1954, 4(4): 29-37.

[13] FORNEY G D. Concatenated codes[M]. Cambridge, MA: MIT Press, 1966.

[14] VITERBI A J. Error bounds for convolutional codes and an asymptotically optimum decoding algorithm[J]. IEEE transactions on information theory, 1967, 13(4): 260-269.

[15] BAHL L R, COCKE J, JELINEK F, et al. Optimal decoding of linear codes for minimizing symbol error rate[J]. IEEE transactions on information theory, 1974, 20(2): 284-287.

[16] BERROU C, GLAVIEUX A, THITIMAJSHIMA P. Near Shannon limit error-correcting coding and decoding: Turbo codes[C]. IEEE International Conference on Communications'93, 1993: 1064-1070.

[17] SPIELMAN D A. Linear-time encodable and decodable error-correcting codes[J]. IEEE transactions on information Theory, 1996, 42(11): 1723-1731.

[18] MACKAY D J C, NEAL R M. Near Shannon limit performance of low-density parity-check codes[J]. Electronics letters, 1996, 32(6): 1645-1646.

[19] GALLAGER R G. Low-density parity-check codes[M]. Cambridge, MA: MIT Press,1963.

[20] CHUNG S Y, FORNEY G D, RICHARDSON T J, et al. On the design of low-density parity-check codes within 0.0045 dB from the Shannon limit[J]. IEEE communications letters, 2001,5(2): 58-60.

[21] ARIKAN E. Channel polarization: a method for constructing capacity-achieving codes for symmetric binary-input memoryless channels[C]. IEEE International Symposium on Information Theory, 2008.

[22] KUDEKAR S, RICHARDSON T J, URBANKE R L. Threshold saturation via spatial coupling: why convolutional LDPC ensembles perform so well over the BEC[J]. IEEE transactions on information theory, 2011,57(2): 803-834.

[23] LENTMAIER M, FETTWEIS G P. On the thresholds of generalized LDPC convolutional codes based on protographs[C]. 2010 IEEE International Symposium on Information Theory, 2010: 709-713.

[24] AGRELL E. Voronoi regions for binary linear block codes[J]. IEEE transactions on information theory, 1996, 42(1): 310-316.

[25] AGRELL E. On the Voronoi neighbor ratio for binary linear block codes[J]. IEEE transactions on information theory, 1998, 44(7): 3064-3072.

[26] SASON I, SHAMAI S. Performance analysis of linear codes under maximum-likelihood decoding: a tutorial[J]. Foundations and trends in communications and information theory, 2006, 3(1): 1-225.

[27] BERLEKAMP E. The technology of error correction codes[J]. Proceedings of the IEEE, 1980, 68(5): 564-593.

[28] HERZBERG H, POLTYREV G. Techniques of bounding the probability of decoding error for block coded modulation structures[J]. IEEE transactions on information theory, 1994, 40(3): 903-911.

[29] ZHAO S, LIU J, MA X. Sphere bound revisited: a new simulation approach to performance evaluation of binary linear codes over AWGN channels[C]. Proceeding of International Symposium on Turbo Codes and Iterative Information Processing, Brest, France, 2016: 330-334.

[30] KASAMI T, FUJIWARA T, TAKATA T, et al. Evaluation of the block error probability of block modulation codes by the maximum-likelihood decoding for an AWGN channel[C]. Proceeding of IEEE International Symposium on Information Theory, 1993: 68-68.

[31] DIVSALAR D. A simple tight bound on error probability of block codes with application to Turbo codes[R]. TMO progress report, 1999:1-35.

[32] DIVSALAR D, BIGLIERI E. Upper bounds to error probabilities of coded systems beyond the cutoff rate [J]. IEEE transactions on communications, 2003, 51(12): 2011-2018.

[33] POLTYREV G. Bounds on the decoding error probability of binary linear codes via their spectra[J]. IEEE transactions on information theory, 1994, 40(4): 1284-1292.

[34] YOUSEFI S, KHANDANI A. A new upper bound on the ML decoding error probability of linear binary block codes in AWGN interference[J]. IEEE transactions on information theory, 2004, 50(12): 3026-3036.

[35] MA X, LI C, BAI B. Maximum likelihood decoding analysis of LT codes over AWGN channels[C]. Proceeding of the 6th International Symposium on Turbo Codes and Iterative Information Processing, Brest, France,2010: 285-288.

[36] MA X, LIU J, BAI B. New techniques for upper-bounding the MLD performance of binary linear codes[J]. IEEE transactions on communications, 2013, 61(3): 842-851.

[37] LIU J, MA X, BAI B. Amended truncated union bounds on the ML decoding performance of binary linear codes over AWGN channels[J]. Chinese journal of electronics, 2014, 23(3): 458-463.

[38] LIU J, MA X. Improved hamming sphere bounds on the MLD performance of binary linear codes[C]. Proceeding of IEEE International Symposium on Information Theory, Hong Kong, China, 2015: 1756-1760.

[39] MA X, HUANG K, BAI B. Systematic block Markov superposition transmission of repetition codes[J]. 2016 IEEE international symposium on information theory, 2016, 64: 1604-1620.

[40] LIU J, HE M, CHENG J. Improved sphere bound on the MLD performance of binary linear block codes via Voronoi region[J]. IEICE transactions on fundamentals of electronics, communications and computer sciences, 2017, E100-A (12): 2572-2577.

[41] SASON I, VERD´U S. Improved bounds on lossless source coding and guessing moments via Rényi measures[J]. IEEE transactions on information theory, 2018, 64(6): 4323-4346.

[42] TAN V Y F, HAYASHI M. Analysis of remaining uncertainties and exponents under various conditional Rényi entropies[J]. IEEE transactions on information theory, 2018,64(5): 3734-3755.

[43] YU L, TAN V Y F. Rényi resolvability and its applications to the wiretap channel[C]. Proceedings of the 10th International Conference on Information Theoretic Security, 2017: 208-233.

[44] TYAGI H. Coding theorems using Rényi information measures[C]. Proceedings of the 2017 IEEE twenty-third National Conference on Communications, 2017: 1-6.

[45] LEDITZKY F, WILDE M M, DATTA N. Strong converse theorems using Rényi entropies[J]. Journal of mathematical physics, 2016, 57(8): 1-33.

[46] MOSONYI M, OGAWA T. Quantum hypothesis testing and the operational interpretation of the quantum Rényi relative entropies[J].Communications in mathematical physics, 2015,334(3): 1617-1648.

[47] SASON I. Tight bounds on the Rényi entropy via majorization with applications to guessing and compression[J]. Entropy, 2018, 20(12): 1-30.

[48] ASHIKMIN A, BARG A. Minimal vectors in linear codes[J]. IEEE transactions on information theory, 1998, 44(5): 2010-2027.

[49] YASUNAGA K, FUJIWARA T. Determination of the local weight distribution of binary linear block codes[J]. IEEE transactions on information theory, 2006, 52(10): 4444-4454.

[50] LIU J. The parameterized Gallager's first bounds based on conditional triplet-wise error probability[J]. Mathematics and computer in simulation, 2019,163: 32-46.

[51] GALLAGER R G. A simple derivation of the coding theorem and some applications[J]. IEEE transactions on information theory, 1965, 11(1): 3-18.

[52] DUMAN T M, SALEHI M. New performance bounds for Turbo codes[J]. IEEE Transactions on Communications, 1998, 46(6): 717-723.

[53] DUMAN T M. Turbo codes and Turbo coded modulation systems: analysis and performance bounds[D]. Boston, MA: Elect. Electronic and computer engineering department, Northeastern university, 1998.

[54] SHULMAN N, FEDER M. Random coding techniques for nonrandom codes[J]. IEEE transactions on information theory, 1999, 45(6): 2101-2104.

[55] TWITTO M, SASON I, SHAMAI S. Tightened upper bounds on the ML decoding error probability of binary linear block codes[J]. IEEE transactions on information theory, 2007, 53(4): 1495-1510.

[56] HOF E, SASON I, SHAMAI S. Performance bounds for nonbinary linear block codes over memoryless symmetric channels[J]. IEEE transactions on information theory, 2009, 55(3): 977-996.

[57] UNGERBOECK G. Trellis-coded modulation with redundant signal sets. Part I: introduction; Part II: state of the art[J]. IEEE communicdtions magazine, 1987, 25(2): 5-21.

[58] FORNEY G D. Maximum-likelihood sequence estimation of digital sequences in the presence of intersymbol interference[J]. IEEE transactions on information theory, 1972, 18(3): 363-378.

[59] SASON I, SHAMAI S. Improved upper bounds on the ML decoding error probability of parallel and serial concatenated Turbo codes via their ensemble distance spectrum[J]. IEEE transactions on information theory, 2000, 46(1): 24-47.

[60] MCELIECE R J. On the BCJR trellis for linear block codes[J]. IEEE transactions on information theory,1996, 42(4): 1072-1092.

[61] MA X, KAVČIĆ A. Path partition and forward-only trellis algorithms[J]. IEEE transactions on information theory, 2003, 49(1): 38-52.

[62] CAIRE G, VITERBO E. Upper bound on the frame error probability of terminated trellis codes[J]. IEEE communications letters, 1998, 1(1): 2-4.

[63] MOON H, COX D C. Improved performance upper bounds for terminated convolutional codes[J]. IEEE communications letters, 2007, 11(6): 519-521.

[64] TANG S, MA X. A new chase-type soft-decision decoding algorithm for Reed-Solomon codes[J]. Computer science, 2013, 1309: 1-28.

[65] COSTELLO D J, HAGENAUER J, IMAI H, et al. Applications of error-control coding[J]. IEEE transactions on information theory, 1998, 44(6): 2531-2560.

[66] BERLEKAMP E R. Nonbinary BCH decoding[J]. IEEE transactions on information theory, 1968, 14(2): 242-243.

[67] SUDAN M. Decoding of Reed Solomon codes beyond the error-correction bound[J]. Journal of complexity, 1997, 13(1): 180-193.

[68] GURUSWAMI V, SUDAN M. Improved decoding of Reed-Solomon and algebraic-geometric codes[J]. IEEE transactions on information theory, 1999, 45(6): 1757-1767.

[69] FORNEY G D. Generalized minimum distance decoding[J]. IEEE transactions on information theory, 1966, 12(2): 125-131.

[70] TANG H, LIU Y, FOSSORIER M, et al. On combining chase-2 and GMD decoding algorithms for nonbinary block codes[J]. IEEE communications letters, 2001, 5(5): 209-211.

[71] KOETTER R, VARDY A. Algebraic soft-decision decoding of Reed-Solomon codes[J]. IEEE transactions on information theory, 2003, 49(11): 2809-2825.

[72] ZHANG X, ZHENG Y, WU Y. A chase-type Koetter-Vardy algorithm for soft-decision Reed-Solomon decoding[C]. International Conference on Computing, Networking and Communications, 2012: 466-470.

[73] FOSSORIER M P, LIN S. Soft-decision decoding of linear block codes based on ordered statistics[J]. IEEE transactions on information theory, 1995, 41(5): 1379-1396.

[74] JIN W, FOSSORIER M P. Towards maximum likelihood soft decision decoding of the (255,239) Reed Solomon code[J]. IEEE transactions on magnetics, 2008, 44(3): 423-428.

[75] JIANG J, NARAYANAN K R. Iterative soft-input soft-output decoding of Reed-Solomon codes by adapting the parity-check matrix[J]. IEEE transactions on information theory, 2006, 52(8): 3746-3756.

[76] BELLORADO J, KAVCIC A. Low-complexity soft-decoding algorithms for Reed-Solomon codes part I: an algebraic soft-in hard-out chase decoder[J]. IEEE transactions on information theory, 2010, 56(3): 945-959.

[77] GURUSWAMI V, VARDY A. Maximum-likelihood decoding of Reed-Solomon codes is NP-hard[J]. IEEE transactions on information theory, 2005, 51(7): 2249-2256.

[78] VARDY A, BE'ERY Y. Bit-level soft-decision decoding of Reed-Solomon codes[J]. IEEE transactions on communications, 1991, 39(3): 440-444.

[79] PONNAMPALAM V, VUCETIC B. Soft decision decoding for Reed-Solomon codes[J]. IEEE transactions on communications, 2002, 50(11): 1758-1768.

[80] EI-KHAMY M, MCELIECE R J. Bounds on the average binary minimum distance and the maximum likelihood performance of Reed Solomon codes[C]. 42nd Allerton Conference on Communication, Control and Computing, 2004.

[81] YAR K P, YOO D S, STARK W. Performance of RS coded M-ary modulation with and without symbol overlapping[J]. IEEE transactions on communications, 2008, 56(3): 445-453.

[82] BENEDETTO S, MONTORSI G. Unveiling Turbo codes: some results on parallel concatenated coding schemes[J]. IEEE transactions on information theory, 1996, 42(2): 409-428.

[83] RICHARDSON T, URBANKE R. The capacity of low-density parity check codes under message passing decoding[J]. IEEE transactions on information theory, 2001, 47(2): 599-618.

[84] LUBY M, MITZENMACHER M, SHOKROLLAHI M A, et al. Analysis of low density codes and improved designs using irregular graphs[C]. Proceedings of the Thirtieth Annual ACM Symposium on Theory of Computing, 1998: 249-258.

[85] MOON T K. Error correction coding: mathematical methods and algorithms[M]. Hoboken, New Jersey: John Wiley & Sons, Inc., 2005.

[86] EL-KHAMY M, VIKALO H, HASSIBI B, et al. Performance of sphere decoding of block codes[J]. IEEE transactions on communications, 2009, 57(10): 2940-2950.

[87] DORSCH B G. A decoding algorithm for binary block codes and J-ary output channels[J]. IEEE transactions on information theory, 1974, IT-20: 391-394.

[88] VALEMBOIS A, FOSSORIER M. Box and match techniques applied to soft-decision decoding[J]. IEEE transactions on information theory, 2004, 50(5): 796-810.

[89] RYAN W E, LIN S. Channel codes: classical and modern[M]. Cambridge, England: Cambridge university press, 2009.

[90] TWITTO M, SASON I. On the error exponents of improved tangential sphere bounds[J]. IEEE transactions on information theory, 2007, 53(3):1196-1210.

[91] BU Y , FANG Y , HAN G , et al. Design of protograph-LDPC-based BICM-ID for multi-level-cell (MLC) NAND flash memory[J]. IEEE communications letters, 2019, 23(7): 1127 - 1131.

[92] XU H Z, LI H, XUM M, et al. Two classes of QC-LDPC cycle codes approaching Gallager lower bound[J]. Sciece China. information sciences, 2019, 62(10): 1-6.

[93] GHOLAMI M, NASSAJ A. LDPC codes based on mobius transformations[J]. IET communications, 2019, 13(11): 1615-1624.

[94] ZHANG M , CAI K , HUANG Q , et al. On bit-level decoding of nonbinary LDPC codes[J]. IEEE transactions on communications, 2018, 66(9): 3736-3748.

[95] WANG L, LIANG C, YANG Z, et al. Two-layer coded spatial modulation with block Markov superposition transmission[J]. IEEE transactions on communications. 2016, 64(2): 643-653.

[96] VANDENDRIESSCHE P. LDPC codes associated with linear representations of geometries[J]. Advances in mathematics of communications, 2017, 4(3): 405-417.

[97] MATUZ B, PAOLINI E, ZABINI F, et al. Non-binary LDPC code design for the poisson PPM channel[J]. IEEE transactions on communications, 2017, 65(11): 4600-4611.

[98] ZHANG D, MEYR H. On the performance gap between ML and iterative decoding of finite-length Turbo-coded BICM in MIMO systems[J]. IEEE transactions on communications, 2017, 65(8): 3201-3213.

[99] CAEN D. A lower bound on the probability of a union[J]. Discrete mathematics, 1997,169(1-3): 217-220.

[100] HUANG K C, MA X, BAI B M. Systematic block markov superposition transmission of repetition codes[C]. 2016 IEEE International Symposium on Information Theory, 2016: 2157-2187.

[101] BERROU C, VATON S, JEZEQUEL M, et al. Computing the minimum distance of linear codes by the error impulse method[C]. Proceedings IEEE International Symposium on Information Theory, Taipei, Taiwan, 2002: 1017-1020.

[102] LAN L, ZENG L, TAI Y, et al. Construction of quasi-cyclic LDPC codes for AWGN and binary erasure channels: a finite field approach[J]. IEEE transactions on information theory, 2007, 53(7): 2429-2458.

后　记

　　随着信息技术的快速发展和用户对体验要求的不断提高，如何满足人们对超大容量及可靠传输的要求成为研究者们所面临的新的挑战。信道编码技术是移动通信物理层关键技术之一，可以保证新一代移动通信系统（5G 通信系统）的高可靠通信。如何评价一个纠错码性能的好坏自然变得十分重要。对特定的纠错码而言，其译码错误概率一般很难用一个确切的表达式进行描述，主要采用蒙特卡罗仿真技术和上下界技术。相比于蒙特卡罗仿真技术，上下界技术节时、节能，符合推进能源生产和消费革命，构建清洁低碳、安全高效的能源体系的要求。

　　本书着眼于新一代移动通信系统性能分析这一具有挑战性的研究课题，以分组码的最大似然译码错误概率上界技术为研究目标，在深入剖析非线性分组码结构难点（不具备几何均匀性和等能量性的性质）的基础上，探索突破以往方法仅适用于线性分组码性能分析的局限性的新思路。借助高维空间几何学理论，研究非线性分组码码字在高维空间中的分布规律，推导适用于一般分组码的基于高维空间几何学的紧致上界计算方法，最终实现了一般分组码最大似然译码错误概率紧致上界的计算。

　　如何有效地将本书提出的参数化 GFBT 推广应用于任意信道的所有分组码性能分析中具有重要的意义，这也正是本书对未来研究的展望。具体总结为如下 3 个方面。

　　（1）计算一般分组码的参数化 Gallager 界需要相应的欧氏距离谱，而特定码的欧氏距离谱计算往往十分困难，本书给出了网格码欧氏距离谱的计算方法，该算法对于简单的网格（复杂度低）是可计算的，但对于复杂的网格则计算复杂度很高。那么如何简化欧氏距离谱计算复杂度，或者如何有效利用截断的距离谱来计算上界，这些都是重要的研究内容。

　　（2）随机化是一种非常有效的研究手段，如 Turbo 码利用随机交织来推导出性能界，本书也利用了随机映射来推导 RS-CM 系统的最大似然性能界，可以进一步将这种技术推广到复杂度更高的码或系统的性能分析中。

　　（3）本书中提出的界都是针对 AWGN 信道而言的，可以进一步考虑其他通信信道，如 Rayleigh 信道、BSC 级联 AWGN 信道等。

　　本书的研究成果更加贴近实际通信环境下的纠错码性能分析及为编码设计提供理论和科学指导，对于新一代移动通信技术的快速发展具有非常重要的理论和实际意义。